マラリア・蚊・水田

マラリア・蚊・水田

病気を減らし、生物多様性を守る開発を考える

茂木幹義著

海游舎

Malaria, mosquito and rice fields: Towards reconciliation between disease control and biodiversity reservation

Written by Motoyoshi Mogi

CONTENTS

はじめに

二一世紀は水の世紀といわれるほど、今、水への関心は高い。その貴重な水資源の半分以上は農業に使われているという。新農地の造成や農地の生産性向上に水の確保は不可欠である。困ったことに、水が豊かな環境は、人や農作物だけでなく、人に有害な生物にも望ましい。病気を媒介する昆虫や人に宿る寄生虫の多くは、水中や湿った場所で育つ。過去の水資源開発は、頻繁に、媒介病や寄生虫病の流行を引き起こした。開発の負の副産物である。病人や家族の苦しみと悲しみ、労働力の低下や喪失、治療や予防のための個人や社会の負担は、開発の目的である地域の経済的発展と生活向上を損なう。それでは、貴重な水資源を使ったことも生きない。

米は世界の五〇％以上の人々の主食で、その九〇％はアジアで生産される。私たちに身近な水田は、米を生産する場であると同時に、媒介昆虫や寄生虫が棲む水たまりでもある。日本では、水田が減るとともに、水田の環境保全機能が注目され、生物多様性保全への貢献が高く評価されている。水田の蚊が媒介する日本脳炎が公衆衛生上の大きな問題だったこと、一部の地域では、水田での作業中に感染する日本住血吸虫症が死病として恐れられていたことなど、水田の負の面を知る人も少なくなった。

熱帯アジアの国々では今も新たな水田がつくられ、天水田の潅漑化も進む。稲作新興地であるアフリカや南アメリカでも、水田が増える余地は大きい。サハラ以南のアフリカの米生産高は三〇年間に二・五倍になったが、大量の米を輸入している。しかも、熱帯では、媒介病や寄生虫病を克服できる目途は今も立っていない。熱帯の現状は他人事ではない。そうした病気を一度は克服したかに見えた温帯の国々も、輸送手段のめざましい発達や温暖化などの新たな条件下で、安全地帯ではなくなってきた。

本文で述べるように、媒介病や寄生虫病は、潅漑施設の整備や栽培技術の進歩に伴って減る場合もある。開発は、病気を増やす危険と病気を減らす力を併せもつ。減れば幸いだが、原因は必ずしも明確でなく、継続する保証もない。人が宇宙開発に挑む時代になっても、熱帯の開発地での感染症は、増えるにせよ減るにせよ、なりゆき任せと後手の対策に終始してきた。

本書では、農業や水資源開発の健康への影響を検討し、負の影響を克服する道を考える。第一部では、私自身がかかわってきた水田と蚊と病気について、気象、水管理、農薬、家畜、天敵、生物多様性など、いろいろの面から見てみたい。また、インドネシアの水田開発現場で、問題の所在について考えてみたい。媒介病や寄生虫病の問題は地域性が強い。同じ地域でも状況は変化する。他所や過去の経験は参考にするべきだが、それにとらわれると、眼前の事態を理解する妨げにさえなる。現場で必要なのは、複雑な問題を先入観なしに見る目と、解決への生態学的な考え方である。個々の事例だけでなく、現場で問題と向き合うときの姿勢の大切さも伝わってほしいと願いつつ執筆した。

第二部では、より広く、開発と媒介病や寄生虫病の問題を考える。病気対策に直接携わるのは保健関係者だが、保健という枠内の努力だけでは、後手の対策から抜け出すことは難しい。ここでは、病気をなくす本道は、工業・農業・環境など多分野の人々と地域の人々の協力による環境づくりであることを強調したい。年間の感染者が億・死者が一〇〇万の単位と推定されるマラリアをなくすことができるのは、医師ではなく、農業や工業や環境問題にかかわる技術者と地域の人々かもしれない。第二部から読んでいただいてもかまわない。

イタリアの古いことわざに「マラリアは鋤(すき)を恐れる」とあるように、開発と病気対策は本来両立できるものである。病気の流行は怠慢や不注意や偏った利益追求の結果であり、人災の最たるものである。水環境と水資源の管理と利用は、人類全体にとっての大きな課題である。その課題の解決を目ざす努力の中に、個々の地域に固有の媒介病や寄生虫病の問題もしっかり位置づけられないと、同じ失敗を繰り返すことは避けられないだろう。

執筆に際しては、農業技術の改善と普及や水資源開発に直接あるいは間接的にかかわる方、感染症対策に携わる方だけでなく、水環境や生物多様性の保全に関心のある方にも参考にしていただけるよう心がけた。開発や水田の注目されることが少ない側面に関心をもっていただくきっかけになれば嬉しい。

巻末には参考書の紹介、媒介病や寄生虫病に関連した用語の説明、略号一覧を付けた。

目次

第一部　水田と蚊と病気

スラウェシ島マンビの養魚水田

モロタイ島
トンダノ湖
ハルマヘラ島
0°
イリアンジャヤ
ワハイ
コビ
マヌセラ
モソ
ブル島
セラム島
アンボン
5°
チモール島
10°
125°
130°

調査地を中心にした東インドネシア

1章　インドネシアの奥地の村を目ざして

野営二日目

一九九七年九月一四日、午後四時だが、深い谷の底は暗くなり始めていた。たれ込めた霧が時に小雨になる。インドネシア・セラム島南岸の村モソを出てから二日目の野営であった。目的地マヌセラ村までは一泊の行程と聞いていたが、ポーターたちは「半分もきていない、あと二日かかる」という。日当で雇い、村に着いたら、半数は帰す契約である。何かにつけ休憩し、ゆっくり歩こうとする。

出足から悪かった。前日の朝、最初の急坂で、マムールさんの足がつってしまった。マムール医師は大学の先生である。普段は机に向かっている時間が多い。三〇代の若さとはいえ、いきなり山登りでは足が驚いてしまうのも当然である。最も心配していたことだった。ポーターたちのマッサージで歩けるまで二時間、歩き出してもゆっくりだ。

こちらにも弱みがある。日本からきた仲間にはハエの研究者たちもいた。休憩すれば採集できるから喜んでいる。誰も採集したことがない地域なのだ。

マヌセラとの出会い

私たちは、前夜、速く歩けば海岸から二時間余りの小屋で寝た。四~五坪の小屋に日本人四名、マムールさん、森林官二名、ポーター一〇名では、足の踏み場もないが、林に覆われた深い谷の斜面を通る小道には、他に寝る所はなかった。しかし、夜がふけて冷え込んでくると、隣人のぬくもりが心地よく感じられた。

私は四年前の一九九三年、その小屋にきたことがあった。「山の森林を見たいならマヌセラ国立公園」という言葉にひかれてきたのだが、日程に余裕がなく、小屋まで登って日帰

写真1 テルチ湾を隔てて望むマヌセラ山塊。雲に隠れていることが多い。

りした。テルチ湾を隔てて望むマヌセラ山塊はまことに雄大、忘れえぬ風景であった。

山のたたずまいとともに心に残ったのは、山道で私たちを追い越していった家族だった。三〇歳代と思われる夫婦と中学生くらいの男の子である。荷物を、夫は天秤(てんびん)棒でかつぎ、妻は頭に乗せ、子供は背負って、裸足で歩いていた。海岸の村で買い物をして奥地の村マヌセラに帰る途中という。下ろした荷物を持ってみて、重さに驚いた。軽い採集道具だけでも息が切れ、しばしば立ち止まってしまうほど道は険しい。野宿して峠を越え、村には翌日着くという。その間に村はない。なぜそんな奥地に住んでいるのだろうか。マヌセラという地名も忘れがたく美しい。あの峠の彼方の村へいってみたいという思いが残った。

一九九六年からセラムの水田開発地で調査を始めた（7章）。その中で、一九九七年、再び、マヌセラ村を目ざす機会ができた。

作戦

話は野営二日目に戻る。岩陰で仮眠をとりながら作戦を考えた。頼りになる地図がないので、現在地は正確には分からない。しかし、歩くことに丸一日専念すれば村に到達できるはずである。これ以上時間をとられると、村で十分な調査ができない。

三日目の朝五時、霧に閉ざされた深い渓谷はまだ暗い。ポーターたちを起こし、二食分の飯を炊くよう命じた。昼食は弁当で手早くすませ、今日中に村に着きたい。ポーターたちは口々に「無理だ」、「気は確かなのか」などというが、ポーター二名と森林官一名を先発隊として村に向かわせた。夜に着くと村人が困るという引き延ばし策を封じるためである。

前日は私が前にいて失敗した。野営に適した場所を見つけて待っていると、伝令がきて「下で野営するので戻ってこい」。勝手に決めるなと怒ってみても、「マムールさんが歩けない」では戻らざるをえなかった。今日はその手も封じなければならない。しぶるポーターたちを追い立てるように出発させ、私は最後尾についた。

一〇時に焚き火で湯を沸かし一服した後、最難関の急坂にかかる。標高一〇〇〇メートルほどから二〇〇〇メートル近い峠まで、胸をつく急坂である。戻りたくても戻れないとがんばるマムールさんを励ましつつ、ようやく峠にたどり着いた。霧が立ち込め、しばらく座っていると寒さに震える。ここで昼食。それからの下りもすごい。滑り降りるといったほうがよい急坂が続く。七〇〇メートルあたりまで一気に下った後は、比較的なだらかな道が続く。壊れた小屋など、二日ぶりに見る人工物が、人里に近づいたことを教えてくれた。

到着

急に目の前が開けた。林が途切れ、広場の向こうに草ぶきの家が並んでいる。一軒の家につるされたランプの明かりで、すでに薄暗くなっていることに気づいた。人気のない広場を横切ってその家に近づくと、先発隊員のくつろいだ笑顔があった。一昨日からの道程に、蚊の研究を始めてから三〇年近い道程が重なり、「はるかにきたものだ」という感慨がよぎった。研究を始めたときには想像もできなかったことだが、蚊がセラムの山奥まで導いてくれたのである。

そこは村長家であった。村長は郡庁のあるセラム島北岸のワハイに出張中だが、口ひげの立派な助役が対応してくれた。ちなみに、北岸までは最短でも三日かかるので、出張では往復六日間歩くのである。私たちは村長家と近隣の家に泊めてもらうことになった。水浴をしたいが、話が終わったころは真っ暗で川にいけない。夕食は蒸したタロイモとサツマイモ、シダの若葉の煮つけ、海産の小魚の干物が入ったスープだった。一坪もない寝室のベッドに三人並ぶと寝返りもうてない。壁はすき間だらけ、床は土の上にビニールを敷いただけである。夜がふけると予想以上に冷え込んできた。

翌日、朝日を浴びながら冷たい川の水で体を洗い、油で揚げたバナナとサツマイモとコーヒーの朝食の後、調査にかかった。結果は13章で述べる。

水田の蚊を主に調べてきた私が、なぜセラムの山奥の村にいくことになったのか。次章からは、マヌセラに至るまでの私の歩みに沿って、水田と蚊の複雑な関係を考えてみたい。

2章　日本脳炎

コガタアカイエカと豚

農学部で害虫防除の勉強をしていた私は、一九六九年、長崎大学医学部の大森南三郎先生の研究室に就職した。そこでは、フィラリア症や日本脳炎を媒介する蚊を研究していた。長崎の離島にはまだフィラリア症の患者がいたし、夏になると全国的に流行する日本脳炎は、公衆衛生上の大きな問題だった。

私の仕事は日本脳炎媒介蚊の調査であった。蚊の吸血時間に合わせて夕方から出かけ、水田の近くでドライアイスを気化させ、二酸化炭素に誘引される蚊を採った。この方法では吸血前の蚊が採れる。その後の豚舎での採集では、吸血した蚊も多数採れた。豚舎といっても、多頭飼育の近代的な豚舎はまだ少なく、農村には、豚小屋というほうがふさわしい簡単な木柵の豚舎がありふれていた。長靴をはいて糞尿でどろどろの柵内に入り、機嫌の悪い豚の動きを気にしながら採集していると、大きな豚がかみついてくることもあった。

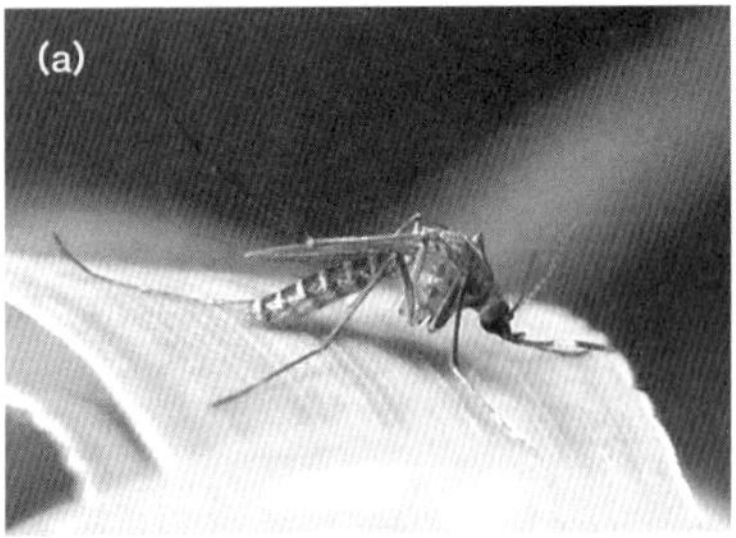

写真2　(a) コガタアカイエカ（水田英生さん提供）と，(b) そのボウフラとコンマ形の蛹。ボウフラは頭を下にして尾端で水面からぶらさがる。

日本脳炎は人から人へは感染しない。ワクチンを接種していない人がウイルス保有蚊に吸血されて感染すると、一〇〇人に一人以下の確率で脳炎を発症するといわれる。しかし人血中のウイルス密度は低いので、蚊が吸血してもウイルスを取り込めない。これに対して、豚が感染すると血中のウイルスは高密度になり、吸血蚊に取り込まれる。ウイルスは蚊体内で増え、その蚊が未感染豚を吸血すれば感染が広がり、人を吸血すれば脳炎患者が出るかもしれない。豚は脳炎にはならないが、免疫のない妊娠豚が感染すると死産の原因になる。日本脳炎ウイルスは畜産上も重要で、繁殖用の雌豚や競走馬にはワクチンが接種される。馬が感染すると人と同様に脳炎になる。

採集した蚊は研究室に持ち帰り、一匹ずつ顕微鏡で見て種を分けた。主な媒介蚊はコガタアカイエカだが、他の種も関与している可能性がある。同定された蚊の一部は日本脳炎ウイルスの検査にまわされ、一部は顕微鏡下で解剖し、卵巣の形態によって、若い蚊と年寄りの蚊を分けた。蚊が媒介する病原体は、普通、蚊が血を吸うときに取り込まれる。病原体をもっている可能性があるのは、少なくとも一回は吸血歴がある蚊で、年とった蚊ほど危険である。蚊の数だけでなく、年寄り蚊の割合が、危険性評価の指標になる。

調査はコガタアカイエカが活動する三月から始まり、越冬に入ってしまう一〇月まで続けた。

ボウフラを調べる

翌年からボウフラの調査も加わった。コガタアカイエカのボウフラは水田に多い。田植えは六月末から七月初めだが、休閑(きゅうかん)中の湿田には春からボウフラがいるので、成虫の調査と平行して春から秋まで続けた。

ボウフラはひしゃくですくって採る。単純だが効率が良い。均質に見える水田も、蚊にとっては異質性が

写真3 かつて日本の農家に多かった小さな豚舎。

写真 4　水たまりのボウフラ採集にはひしゃくが便利。アメリカではボウフラ調査用ひしゃくが市販されているが，普通の水びしゃくでよい。

高い。隣接した水田でも条件が違い、ボウフラがたくさんいたり、いなかったりする。ある地域の発生状況を正確に知るためには、多数の水田を調べることが必要である。二〇〇枚の水田を調べるには丸一日かかる。真夏の強い日差しのもとでの調査は厳しい。昼のボウフラ調査と夜の蚊採集が重なると大変だった。

ひしゃくには何でも入る。ボウフラを含む小動物、浮き草、ごみ、泥など、その場でホルマリン固定して持ち帰り、より分け、動物は顕微鏡下で同定した。水田での採集より、後の処理がもっと大変だった。私の仕事ぶりを見て、「ごみ拾いですね」といった人がいる。至言だと思った。分析機器の進歩が目覚ましい今でも、手作業でやるしかない仕事なのだ。

なぜ苦労してボウフラを調べるのだろうか。病気を媒介するのは親になった蚊である。実際、それ以前の日本脳炎媒介蚊の調査では、主に吸血にくる蚊を調べていた。しかし、それだけでは、なぜ蚊が多い年や少ない年があるのか分からない。ボウフラの死亡要因も、蚊まで育つ率も分かっていなかった。蚊の数が変化する原因が分かれば、蚊対策の基礎になる。世界保健機関WHOは、一九六〇年代の終わりに、「科学的な蚊対策のためにボウフラ調査が重要」と強調した。私が長崎に就職したころであった。

天敵の働き

ひしゃくでは捕食性の水生昆虫がよく採れる。トンボとイトトンボのヤゴ、マツモムシ、ゲンゴロウ、ガムシ（幼虫のみ捕食性）などは数が多い。これらの昆虫をボウフラと一緒に小容器に入れるとすぐ捕食する。ボウフラにとっては天敵である。メダカやフナなどの魚もボウフラを捕食する。敏捷(びんしょう)な魚はひしゃくでは捕れない。水が濁っているときや浮き草が多いときは、見ることも難しい。しかし水田の一画をトタンで囲って水をかい出してみると、思いがけなく多数の魚がいることに驚かされた。

捕食者は水の上にもいた。アメンボやコモリグモは水面上で活動する。これらの水表捕食者

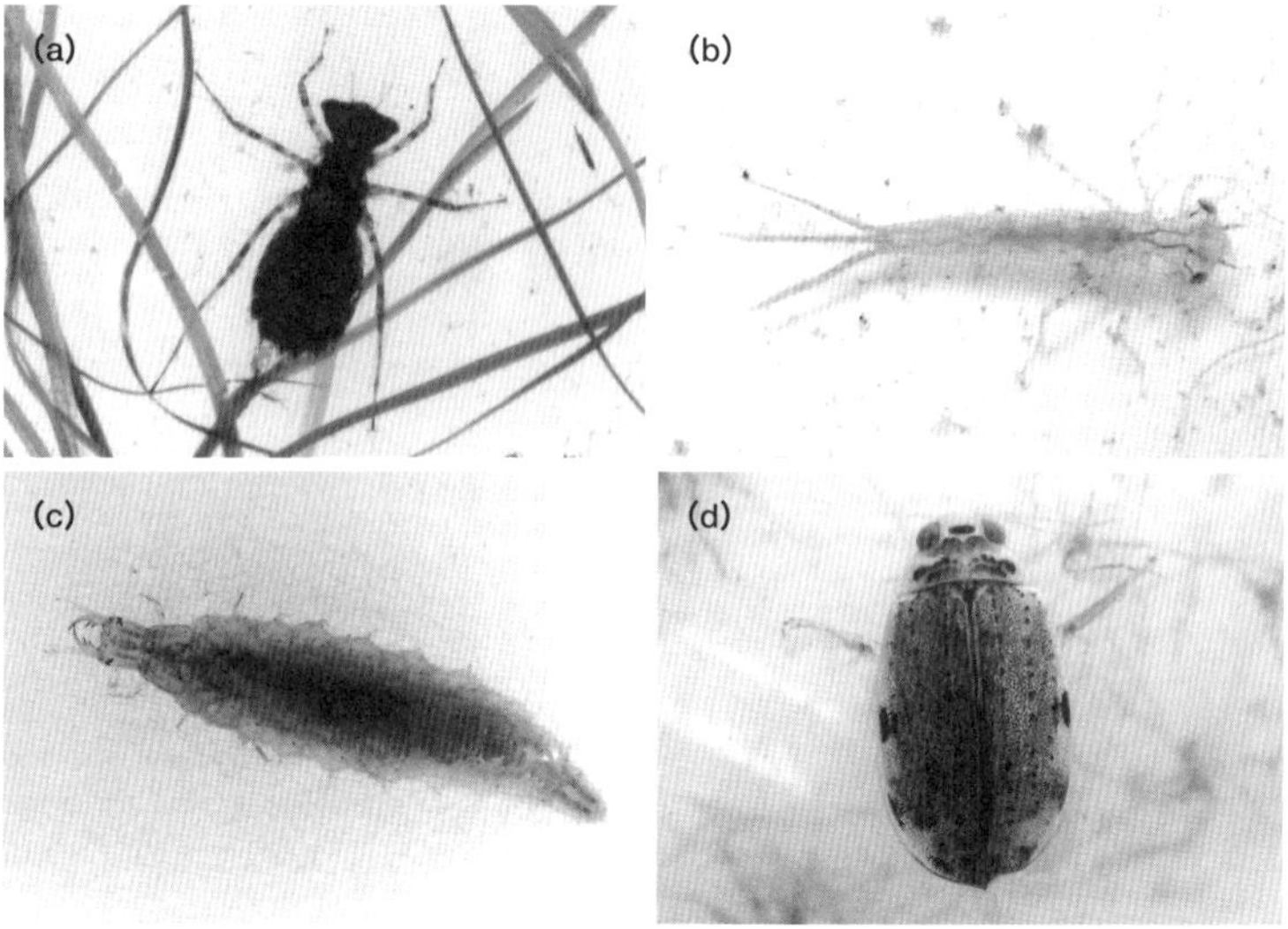

写真5　捕食性水生昆虫。(a) トンボのヤゴ。(b) イトトンボのヤゴ。(c) ガムシの幼虫。(d) ゲンゴロウ。

写真6　幼生を背負ったコモリグモ。水上のクモは，蚊だけでなく，水面下のボウフラも捕らえる。

は、羽化する蚊や産卵する蚊だけでなく、ボウフラも捕らえることが実験室で確認されている。水田で数が多いカタビロアメンボは、イエカの卵やハマダラカの小さなボウフラを捕食する。網を張らないコモリグモは、水面下で動くボウフラに跳びかかって捕らえる（野外での水表捕食者の評価については3章で述べる）。

普通、卵からふ化したボウフラの五〇％前後は、蚊になる前に捕食されてしまう。水田のボウフラにとって、天敵による捕食は大きな死亡要因である。

流されるボウフラ

傾斜地の棚田が多い長崎では、増水した際の流失も、ボウフラが減る大きな要因であった。水面近くに浮遊するボウフラは、魚のように流れに逆らう遊泳力も、ヤゴのように泥に潜り、水草につかまる能

写真 7 (a) コガタアカイエカの生態を調べた長崎の棚田。周辺の農家では豚が飼われていた。(b) 上の田から下の田への水の落ち口。空いた肥料袋などをあてている。

力ももたない。台風や集中豪雨で水田から水があふれ出ると、ボウフラは排水路や川に流されてしまい、地域全体のボウフラが減る。

上の水田から下の水田に水を流す「掛け流し」がされている棚田では、大雨がなくても、少しずつボウフラが流されている。長崎の調査地では一水田に一落ち口の場合が多く、二～三分で五〇リットルくらいの速さで落水していた。これくらいの流出量だと、目に見える流れは田水面のごく一部にしか生じない。ところが、バケツに受けた水にはボウフラが入っている。平均すると一日で一〇%弱のボウフラが下の水田に落ちていた。最下段の水田の水は排水路や川に落ちていくから、ボウフラは少しずつだが確実に失われている。

山田の頂（いただき）

田植え後一ヵ月くらいは稲の発育のために水を張る。稲は小さく水面は日光にさらされる。水温は上がり、餌になる微生物は増え、ボウフラは速やかに育つ。東南アジアの水田では、田植え後の水生捕食者の密度増加は、水中の微生物を食べるプランクトン食者（ボウフラを含む）より遅い傾向が指摘されている。しかし西条洋の島根での観察では、捕食性昆虫の種によって、田植え後の密度増加は速い。たとえ天敵の数は同じでも、ボウフラが速く育てば蚊になる率は高くなる。田植えが七月初めだと、典型的には、七月下旬から八月上旬にコガタアカイエカ発生の大き

写真8　稲が小さく日当たりがよい水田は，多くの媒介蚊が好む発生場所。佐賀平野。

な山が生じる。しかし大量発生は長くは続かず、稲の成長や中干しなどによって終わる。

一九三〇年代、日本脳炎は結核や風邪のように咳（せき）やくしゃみで感染するとする説が主流で、三田村篤志郎たちの蚊媒介説は少数派だった。媒介説を裏づけるため岡山で蚊を調べた共同研究者の山田信一郎は、コガタアカイエカの七月下旬の山と、二週間後からの患者発生が関連していると考えた。三田村らは、一九三七年一一月、岡山のコガタアカイエカから病原体を検出したことを報告した。しかし山田は、同年五月、リーシュマニア症（「用語説明」参照）の研究に赴いた中国で客死していた。

三田村は山田の功績をたたえ、コガタアカイエカ発生の真夏の山を「山田の頂（いただき）」と名づけた。発生消長や患者発生との関係は年や地域により変わることから、その意義を否定する研究者もいる。

しかし、西日本で山田の頂が生じやすいことには科学的根拠がある。稲のある四ヵ月間に限っても、蚊は同じように発生するのではない。稲作方式が変わって山田の頂が消えても、刻々と変わる水田条件と生物の動的な関係を示す例としての意義は残る。

コガタアカイエカが多い年と少ない年

地域全体の蚊の数を決める第一の要因は、水たまりの数あるいは総面積である。水たまりの量は蚊の発生可能性を示す指標である。雨が多いと水たまりが増え、蚊が増えやすい。雨の効果が最も明瞭なのは、熱帯の乾季と雨季が明瞭な地域である。蚊は乾季には少なく、雨季に急増する。水田開発が媒介病の問題を引き起こすのも、広大な水たまりを新たにつくり出すからである。

ところが、水田ができてしまうと、事情が変わる。水田面積は一定で、稲に湛水(たんすい)が必要な期間は、人が水の保持に努める。古くから潅漑施設が整備されてきた日本だと、今では、田植えもできないほどの水不足は少ない。潅漑施設が発達した水田地域では、蚊の数を決める要因として、ボウフラの生存率の比重が増す。棚田では雨が降ればボウフラが流失し、生存率が下がる。常識に反して、雨が蚊の発生を抑制する。

水田では、捕食による死亡に他の原因による死亡が加わり、普通、ボウフラの九五%以上が死亡する。私たちを吸血にくる蚊は、膨大な数のボウフラが死亡した後の、数％に満たない生き残りである。蚊の数は、ボウフラの生存率が上がれば、何倍にも増える潜在力をもつ。ボウフラの生存率が五％から一〇％になれば、蚊は倍増する。

天敵の数は調査が難しく、長期間のデータもないが、気象記録は利用できる。年ごとの違いも大きい。雨が多い冷夏もあれば、少雨で暑い夏もある。気象条件によって、ボウフラの生存率は容易に変わる。梅雨末期の豪雨などでボウフラが一掃され、「山田の頂」が低くなると、その年は数が少なくなるほど、大きな打撃を受ける可能性がある。

日本脳炎の流行と気象

高温少雨でコガタアカイエカが増えれば、日本脳炎患者も増えるはずである。長崎県では、予想どおり、六月末から八月初めが高温少雨の年に患者が多い傾向が明瞭であった。棚田が多い長崎の特徴が反映されている。

雨量と患者数の関係が明瞭でない地域もある。私が一九八〇年に転勤した佐賀県でも、長崎ほど明瞭な関係はなかった。筑後平野を擁する佐賀では平地の水田が多い。江戸時代から築かれてきたクリーク網は、水田からあふれた水を貯えて干ばつに備える機能ももつ。雨でもボウフラは流されにくい。

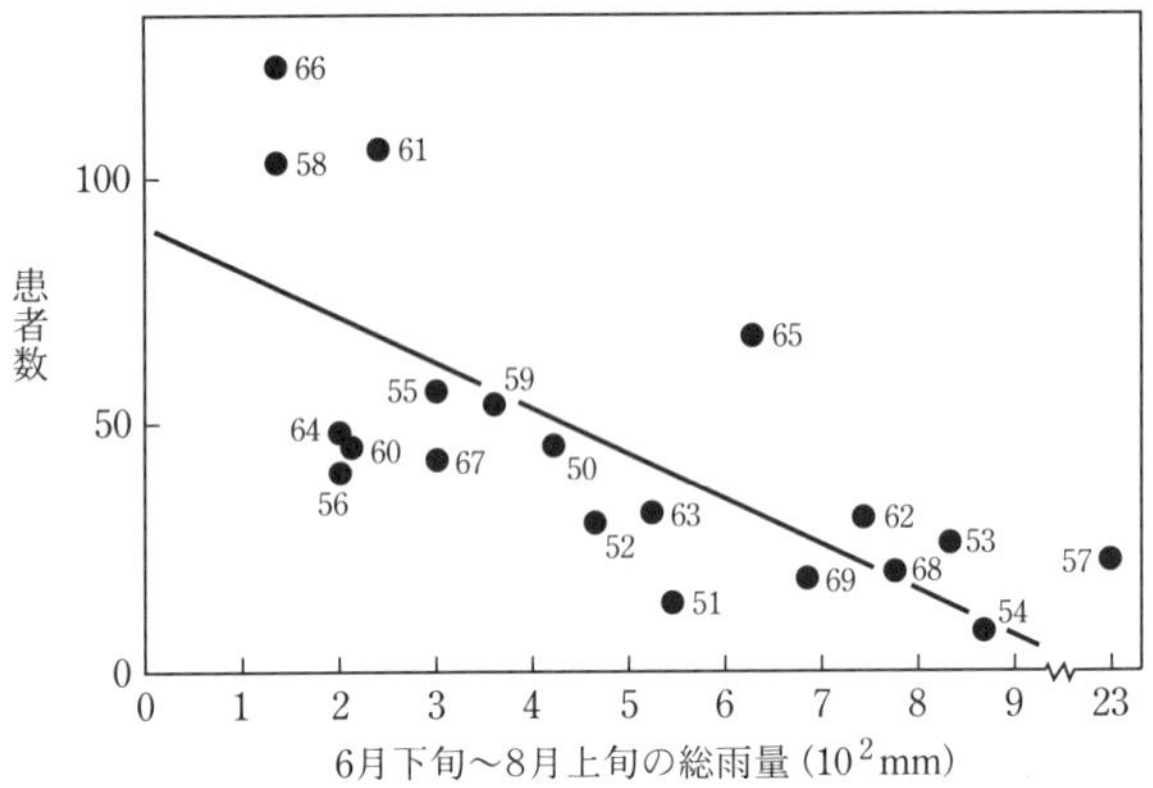

図 1　長崎県での夏の雨量と日本脳炎患者数の関係。数字は年で，50は1950年をさす。Mogi, 1983, Am. J. Trop. Med. Hyg. 32: 170–174による。

雨の影響は季節によっても違う。田植え前の雨は貯水量を増やして田植え用水を保障する。六月末〜七月初めに田植えをする一九七〇年代の長崎だと、コガタアカイエカに最も好都合なのは、田植え前の雨と田植え後一ヵ月の日照りという組み合わせだろう。

北日本では田植えが早い。北日本で五月に田植えをしてもコガタアカイエカには寒すぎる。平均気温が二〇度を超える七月には成長した稲が水面を覆い、中干しも始まる。気象の影響は南日本と違うはずである。

蚊の数と気象条件の関係は、地域の自然条件と稲作慣行に影響されるから、一概にはいえない。しかし、潅漑施設が整備された日本では、少雨の夏にコガタアカイエカが増えて患者も増える危険性を指摘することには、科学的根拠がある。三田村篤志郎は、一九三三年、「七月中旬から八月上旬に雨が少なく暑い日が続くと大きな流行になる」と指摘した。蚊媒介が確認される四年前であった。

流行と気象の関係を検討した研究について、日本脳炎対策を推進されていた予防衛生研究所（今は感染症研究所）大谷明先生の「役に立っています」という言葉は、二〇年前のことだが、地味な基礎研究への評価がうれしく、よく覚えている。

コガタアカイエカの減少と回復

一九六〇年代には殺虫剤によるコガタアカイエカ対策が検討された。殺虫剤に替わる実用的な方法はなかった。人家や畜舎での使用も検討されたが、主な対象は水田のボウフラであった。水田での実験では効果があったが、広大な水田を対象とした殺虫剤の使用は、経費や労力を考えると、現実的でなかった。

ところが、私が蚊の研究にかかわり始めた一九七〇年ころを境として、日本ではコガタアカイエカが急激に減り始めた。一例として富山県のデータを示す。一九七〇年ころの減少だけでなく一九八〇年ころの回復も明瞭である。

一九六〇年代末に米余り対策として減反が始まり、七〇年代に水田面積は八〇%ほどに減った。しかし、コガタアカイエカは、それ以前の一〇%以下になった。減反だけでは説明できない。

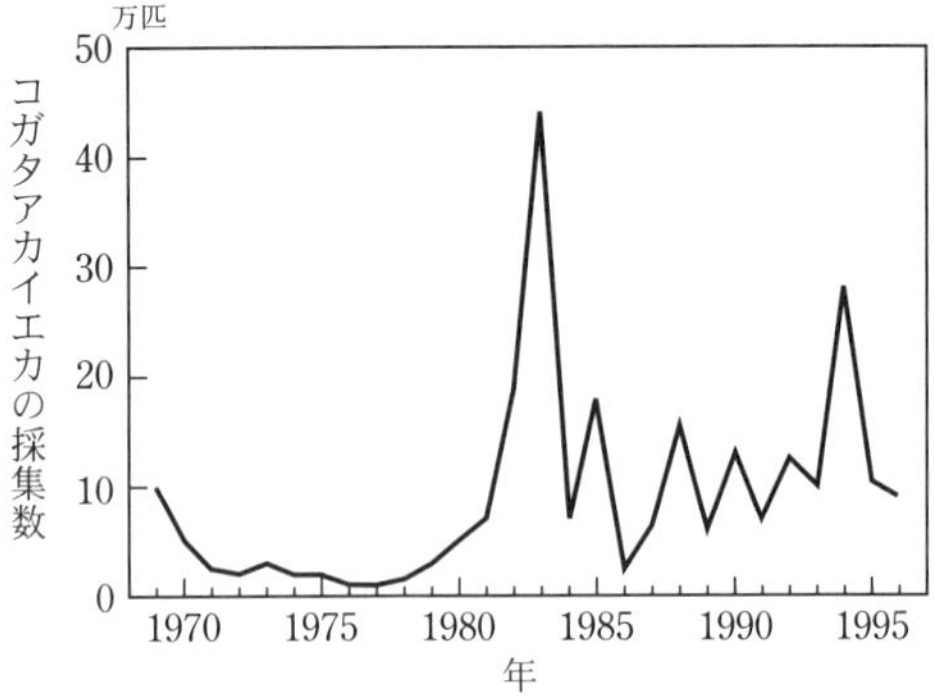

図2　富山県の1牛舎でのコガタアカイエカ採集数。ライトトラップで毎日採集したと仮定して計算した6～9月の総採集数。ライトトラップは，光に集まった昆虫をファンで吸引して採る道具で，畜舎の軒下などにつるし，日本脳炎媒介蚊の発生調査に広く用いられた。渡辺ら, 1997, 富山衛研年報第20号: 85–98による。

同じころ、稲作に使われる農薬の種類も大きく変わった。一九六二年に出版されたカーソンの『沈黙の春』がきっかけとなって、農薬による環境汚染や野生動物や人体への影響が大きな社会問題になったからである。日本でも一九七〇年ころに種々の規制が定められ、ＤＤＴやＢＨＣに代表される塩素系殺虫剤は、有機リン剤などに代わった。稲の害虫に使われた殺虫剤は水中にも落下する。コガタアカイエカのボウフラはＤＤＴやＢＨＣに対して抵抗性を獲得していたが、新しく登場した有機リン剤には弱かった。その結果、一九七〇年ころにコガタアカイエカが激減したと考える人が多い。農業、特に稲作に関連した変化の中で、全国同時かつ短期間に起こった変化は農薬だけである。地域によっては水田の減少などもかかわったであろうが、普遍的な要因は農薬と考えられる。有機リン剤に抵抗性になったコガタアカイエカが（10章）一九八〇年代に増えたことは、農薬説の裏づけになった。

殺虫剤による環境汚染が社会的問題になってからは、対象害虫以外の生物に安全な選択的殺虫剤が求められるようになった。有機リン剤とともに、クモに対する毒性が低いカーバメイト剤も広く使われた。魚介類に対する毒性の高い除草剤ＰＣＰは、動物毒性の低いジフェニールエーテル系除草剤に置き換わった。

農薬の種類が代わった後に、水田の捕食性昆虫や魚の数が回復してきたともいわれる。そのような水田が一部にあるとしても、全体として見れば、蚊発生を抑制できるまでになっていないことは、一九八〇年代の増加が示している。現在までのコガタアカイエカの動向は、殺虫剤の直接の影響として説明できる。

日本脳炎患者は減り続けた

コガタアカイエカの減少と平行して、日本脳炎患者も一九七〇年ころに急減した。蚊の減少だけでなく、ワクチン接種も患者減少の原因であった。接種は一九五四年に始まったが、ワクチン生産量は一九六〇年代半ばから急増し一九六〇年代末にピークになった。一五歳以下の児童に集団接種された結果、子供の患者は減り、日本脳炎は抵抗力が低下した高齢者の病気になった。

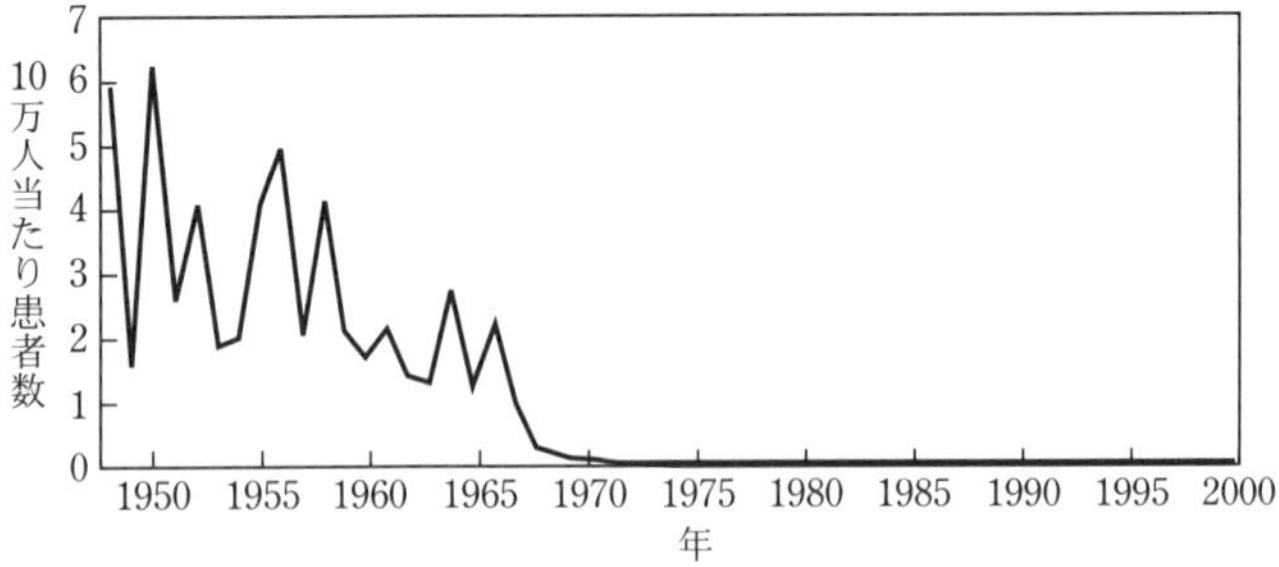

図3　日本での日本脳炎の罹患率。患者数は厚生省「伝染病統計」による。

一九七〇年代末にコガタアカイエカが増えると罹患率も増える兆しを見せた。流行再来かと心配させたが、幸い、すぐ減少に転じ、その後は低流行が続いている。しかし、今でも豚のウイルス感染は続いている。感染が広がる季節が以前より遅れたりするが、夏から秋にかけて多くの豚が感染する。しかし患者はほとんど出ない。ワクチン接種の効果は疑いないが、発病を一〇〇％防げるわけではない。

日本脳炎が大流行していた時代と比べて何が変わったのだろうか。第一に、豚の飼い方が変化した。農家の副業としての少数飼育が、専業者による多頭飼育に代わった。日本人の食生活が変わり、豚肉の需要が増えたためである。養豚戸数は一九六〇年代から減り続けるが、一戸当たり豚数は、かつての一〜二頭から数百頭に増えた。大規模畜舎の建設地は規制され、人家から遠い場所につくられる。水田から発生したコガタアカイエカが豚を吸血する機会も、豚から吸血した蚊が人を吸血する機会も減る。日本脳炎の

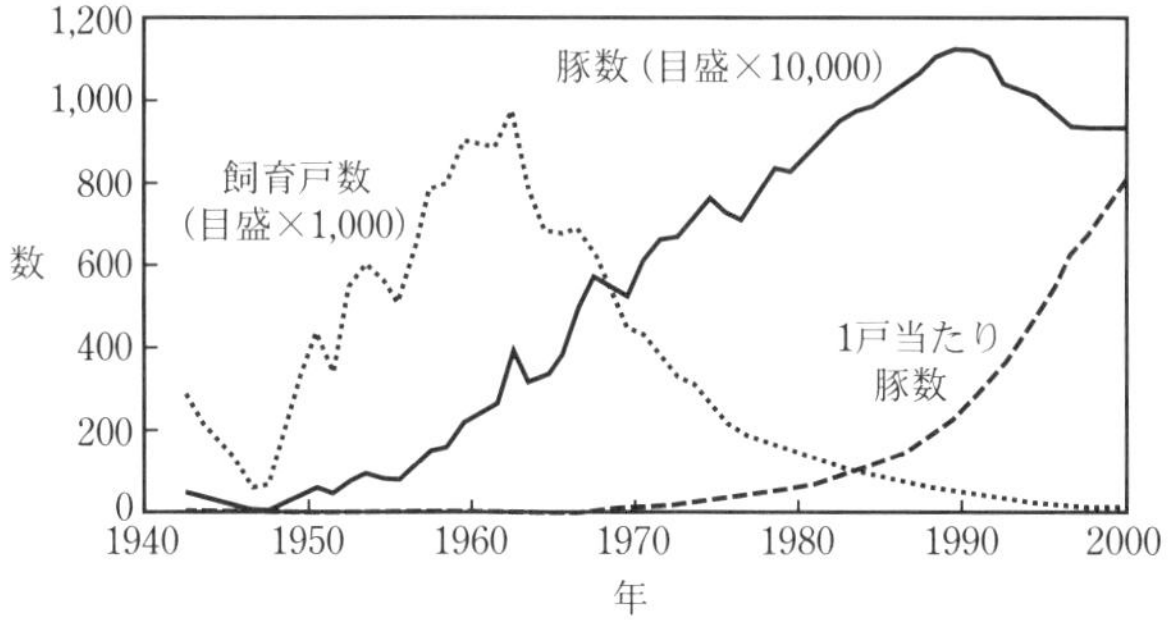

図4　日本での養豚。日本脳炎の流行がなかった北海道は含めていない。農林水産省「畜産統計」による。

流行を維持していた「水田―蚊―豚―人」の組み合わせから、豚が抜けた。

第二に、人家の構造と人の生活様式が変わったため、人が蚊に吸血される機会が減った。昔の家は開放的で、夏の夜は縁台などで夕涼みする人も多かった。今は冷房つきの密閉した家の中でテレビを楽しむ。屋内にいれば、蚊に刺される機会は少ない。佐賀市でのアンケート調査によれば、夏の一晩に平均〇・二四回吸血された。四日に一回吸血されるとして、蚊の活動期が五ヵ月なら、一年間に四〇回吸血される計算になる。しかし蚊がいなくなったわけではない。佐賀にはクリークや水田が多く蚊も多い。アンケート調査と同じときに、日没から深夜まで屋外に座っていると、五〇匹以上の蚊が吸血に飛来した。その半数以上はコガタアカイエカであった。

インド南部の水田農村で暮らす六～八歳の子供は、

表1　夜間に屋内と屋外で蚊に吸血される回数。佐賀市での1987年の調査。屋内は8月20日ころ，普通に生活している人が吸血された回数の平均。屋外は9月初め，庭の椅子に座っている人に飛来した蚊の数。

場所	時間	蚊の種類	数
屋内	日没～夜明け	全種	0.24
屋外	日没から6時間	コガタアカイエカ	27
		アカイエカ	11
		シナハマダラカ	14
		全種	52

一年に五〇〇〇匹以上の蚊に吸血されると推定された。そのうち四四％はコガタアカイエカを含む日本脳炎媒介蚊である。しかし一晩の最大吸血数は六九匹で、佐賀に比べて、けた違いに蚊が多いわけではない。佐賀でも蚊に無防備な生活をすれば、蚊の発生季節が短いことを除けば、インドと同じくらい吸血されるかもしれない。今の日本では、人のウイルス感染を引き起こす「豚―蚊―人」の連鎖の中で、蚊と人の間が断たれてしまった。

日本脳炎患者の発生を抑えている要因のうち、意図的にされたのはワクチン接種だけである。食生活、家の構造、人の行動、ひと口にいえば日本人の生活様式の変化が感染する危険を減らしたのである。コガタアカイエカの数は、農業技術の変化と蚊自身の適応力によって、今後も増減するだろう。しかし今の生活様式が続けば、日本脳炎が再び大流行する可能性は小さい。

可能性は小さくなったがゼロではない。媒介蚊とウイルスは今も身近で活動している。ワクチン接種率が下がれば危険は大きくなる。災害などによる条件の急変に対する備えは常に必要である。

3章　稲作農村の蚊 ― 生態と媒介病

広がる日本脳炎

日本脳炎は日本だけの病気ではない。ロシア南岸から熱帯まで、広い地域にある。温帯ではコガタアカイエカが媒介する。亜熱帯や熱帯では媒介種が多様になるが、いずれも水田地帯の蚊である。

日本脳炎の流行史は地域によって違う。韓国では、日本と同様に、かつての大流行から激減し、社会的問題でなくなった。この減少はワクチン接種によるとされる。台湾でもワクチン接種により激減したが、人口当たり患者数は日本よりやや高い。

中国では、増減はあるが、流行が続いている。ベトナムやタイでは、日本とは逆に一九六〇年代から増え始め、今も大きな問題である。しかしタイでは、流行地域が拡大していった一九七〇年代とは違い、最近は減る傾向を見せている。ネパールやインドは一九七〇年代に、スリランカでは一九八〇年代に大きな流行が起こり、今も大きな問題である。ネパールでは、一九九五年、流行が低地からカトマンズ近くの高地に拡大した。バングラデシュやビルマでも、一九七〇年代に小流行が記録されている。

一九九〇年代になって、サイパン、パプアニューギニア、オーストラリア北部で初めて流行が起こった。これらの地域では、新興感染症の一つとして、今後の動向への関心が高い。

マレーシア、フィリピン、インドネシア、パキスタンなどでは、水田から媒介蚊が発生しているにもかかわらず、日本脳炎の発生は散発的である。フィリピン以外は、豚を食べないイスラム教徒が多数を占める国である。豚がいなければウイルスの増殖は制限される。

日本脳炎ウイルスはアジア全域に広く分布する。条件がそろえば流行する可能性があるので油断できない。水田がなく豚がいなくても、「湿地から発生する蚊–野生の水鳥」という組み合わせで、ウイルスは維持される。しかし、これまでの大きな流行は、「水田–蚊–豚–人」という組み合わせのもとで起こった。

水田の蚊が媒介するウイルス病と寄生虫病

人以外の脊椎動物（多くは野鳥）でウイルスが増え、蚊が媒介して人に感染する脳炎は、世界中にある。日本脳炎のように、水田の蚊が媒介にかかわる場合が少なくない。北アメリカのセントルイス脳炎と西部馬脳炎を媒介するイエカは水田からも発生する。馬脳炎ウイルスは、日本脳炎ウイルスと同様に、馬にも人にも脳炎を起こす。オーストラリアのマレーバレー脳炎はコガタアカイエカに似た種が媒介する。オーストラリアに水田は少ないが、拡大すれば発生場所になるだろう。北アメリカ南部から南アメリカに分布するベネズエラ馬脳炎、インドからロシア南部・地中海地方を経てアフリカまで分布するウエストナイル熱・脳炎の媒介蚊は多様で、水田や潅漑施設から発生する種も含まれる。

ウエストナイル熱・脳炎は一九九九年に突然ニューヨークで流行し、その後の分布拡大で、二〇〇三年までに、カナダ南部からメキシコまで、ほぼ北アメリカ全域でウイルスが確認された。媒介者として、初めは都市やその近郊の蚊が注目されたが、今後は水田の蚊も含めて、多くの種がかかわってくるだろう。アメリカでの流行ほど知られていないが、ウエストナイル熱・脳炎は一九九六年にルーマニアのブカレスト、一九九九年にロシアのボルゴグラードと、いずれも都市で流行し、二〇〇三年には極東ロシアの鳥からもウイルスが検出されている。アメリカあるいはアジアから、日本への侵入が、今、最も心配されているウイルスである。

ウイルス病の最後にリフトバレー熱に触れておく。アフリカとアラビア半島で、羊・ヤギ・牛などの家畜に流産や死亡などによる大きな被害をもたらす病気で、蚊が媒介する。家畜で流行すると人にも感染が及び、普通は発熱など比較的軽症だが、重症化することもあり、死亡率は一％といわれる。先に述べた病気との大きな違いは、ウイルスがヤブカの卵に移行して蚊から蚊に伝

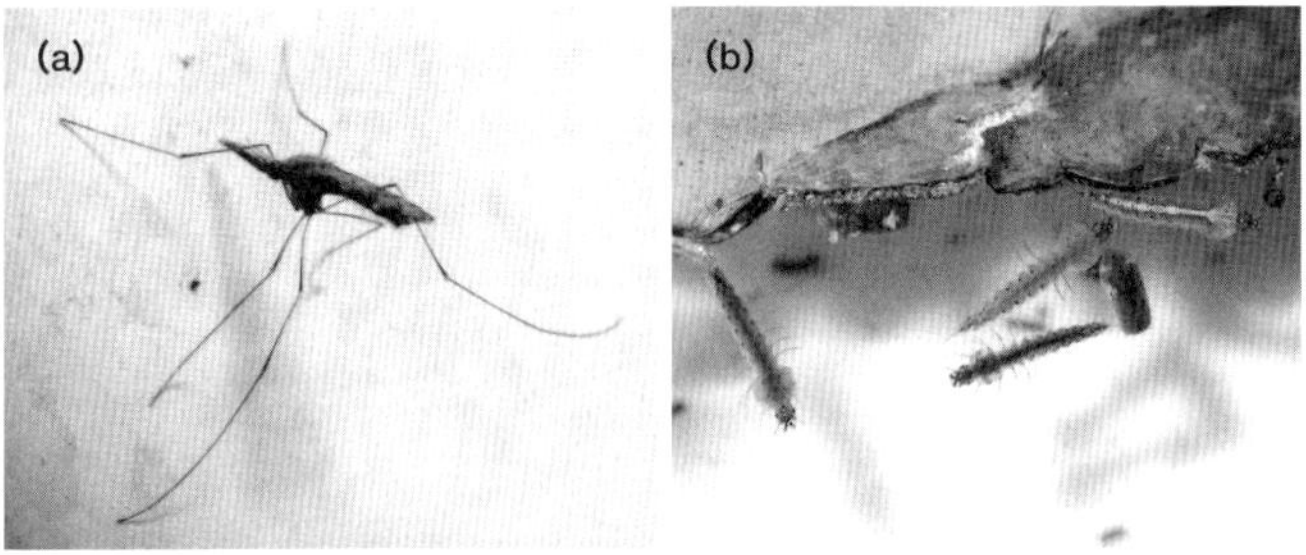

写真9 (a) シナハマダラカと,(b) そのボウフラ。ハマダラカは尾端を上げ逆立ちのような姿勢で止まるので,他の蚊と区別できる。ボウフラは水面に水平に浮くので,上からよく見える。2個の豆形は上から見た蛹。

わることで、大発生したヤブカが家畜を吸血して流行が始まる。水田の蚊とのかかわりはまだ知られていないが、家畜での流行が拡大すると、ヤブカだけでなく、ハマダラカ、イエカ、ヌマカなど、いろいろな蚊が媒介するので、要注意であろう。

蚊が媒介する寄生虫病としては、マラリア原虫によるマラリアが最も重要である。主に人に寄生するのは四種で、特に三日熱マラリアと熱帯熱マラリアは分布が広く重要である。三日熱の症状は慢性的で死亡率は低いが、熱帯熱は劇症型で死亡率が高い。三日熱はかつて温帯まで広く分布し、北海道でも流行した。今は温帯では局地的だが、熱帯には両種が広く分布する。マラリアを媒介するハマダラカには、水田から発生する種が少なくない。アジアだけでなく、アフリカや南アメリカでも、水田から発生するハマダラカがマラリアを媒介する。

日本本土のマラリア媒介者だったシナハマダラカは、

今も水田から多数発生する。マラリアがなくなったのは、シナハマダラカのマラリア媒介効率が高くなかったことに加えて、人が吸血される機会が減ったためである。しかし、熱帯で感染して帰国あるいは来日後に発症する輸入患者は絶えない。アメリカでは、こうした患者から吸血した蚊による国内感染も発生した。マラリアがいったんなくなった韓国でも、一九九〇年代に三八度線近くで流行が再発した。条件しだいで、温帯でもマラリアが復活する可能性があることは疑いない。

蚊媒介性の寄生虫病として、線虫によるリンパ系フィラリア症も重要である。この病気も、かつては温帯まで分布していた。バンクロフト糸状虫によるフィラリア症は最も分布が広く、日本も北海道以外は流行地だった。媒介蚊は地域ごとに違うが、中国、東南アジア、アフリカ、南アメリカでは、水田から発生するハマダラカも重要な媒介者である。

媒介蚊がいても病気が流行するとは限らない。しかし、水田から発生する蚊は、世界中どこでも、条件がそろえば、病気を流行させる潜在的危険性をもつ。

世界の取組み

日本や韓国では、日本脳炎が大きな社会問題だったころ、その媒介蚊や対策が研究された。しかし病気が減ったので研究も下火になった。

中国では、日本脳炎だけでなく、マラリアとフィラリア症の媒介蚊としても、水田の蚊対策が研究されてきた。しかし、中国語での発表が多いため、理解しにくい。

ヨーロッパの稲生産国でも、マラリア対策のため、水田の蚊が研究された。ヨーロッパ人は、アジアの植民地でも水田のマラリア蚊対策を考えた。自らの安全のためだけでなく、労働者の健康は植民地での生産活動に必要だった。インドでは、第二次世界大戦以前、水田の蚊の生態と対策について優れた研究がされた。有機合成殺虫剤が普及する前だったので環境的方法（16章）が重視され、一九八〇年代に再評価された。その伝統は今も引き継がれ、従来の殺虫剤に依存しない対策の研究が活発である。日本脳炎の流行拡大に伴い、その対策を目ざした研究が増えてきた。

二〇世紀後半にはアメリカが研究の一大中心地になった。特にカリフォルニア大学の多彩な研究者と多様な研究課題は目立つ。カリフォルニア州では、水田から発生する蚊がセントルイス脳炎と西部馬脳炎を媒介する。人の感染は突発的で予測しがたく、有効なワクチンもない。一九九〇年代になって人患者は絶えているが、世界最良と誇る昆虫媒介ウイルス監視システムは堅持され、蚊や鳥でのウイルス感染状況が把握されている。

一九八一年から一〇年間、「稲作地域の蚊管理計画」ＲＭＭＰが実施された。環境保護局の主導で、農務省が資金を出し、稲生産州（カリフォルニア、アーカンソー、ミシシッピ、ルイジアナ、テキサス）の大学で研究が実施された。当時の日本では考えにくかった研究プロジェクトであった。

中国とインドにつぐ稲生産圏である東南アジアでは、水田の蚊の生態研究は乏しかった。インドネシアでは、オランダ統治時代に、水田のマラリア蚊対策として環境改善法が試みられた。しかし効果判定がされたのはごく一部である（7章）。

一九七〇年代末に日本の水田での仕事に一区切りをつけた私は、東南アジアの水田をぜひ見たいと思った。生物多様性の高い熱帯アジアの水田は、蚊の発生環境として、温帯の水田と違うのだろうか。このような疑問に答えてくれるデータはなかった。

稲の成長とボウフラ

願いがかなって、一九八一年、東南アジアの蚊研究チームの一員として、フィリピンを訪れた。最初の調査地はパラワン島だった。その数年前、マラリア蚊を調査した研究者が自ら感染してしまった村である。

水田には大きさが違う稲が並存していた。苗代の横に収穫期も近い稲がある。日本では考えられない風景であった。東南アジアでも、潅漑がないと雨季の初めに田植えをするから、栽培時期は同調する。潅漑施設があり栽培が周年可能でも、同調していたほうが作業効率は良い。稲作

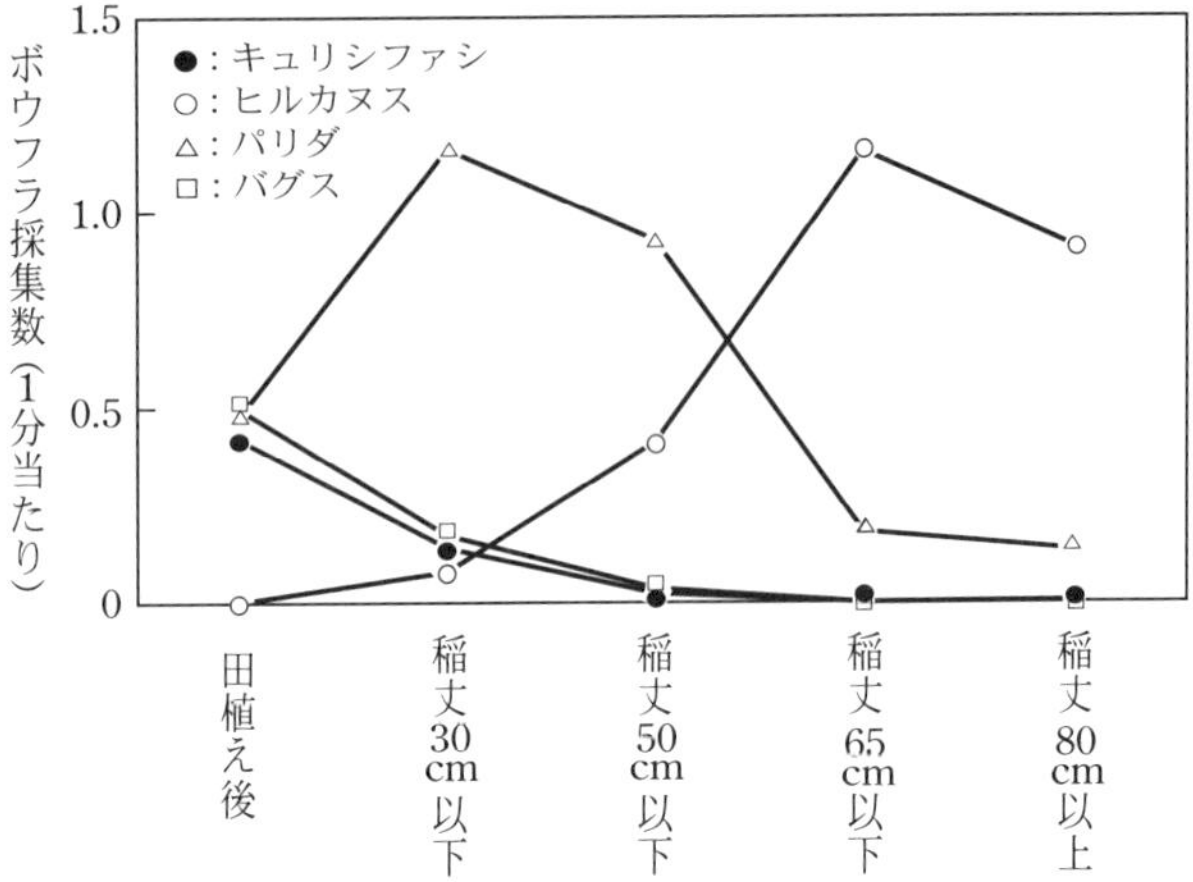

図5　稲の成長に伴う蚊の種類の変化。南インドの水田。Russell and Rao, 1940, J. Malaria Inst. India 3: 427–446による。

が近代化・組織化されると、熱帯でも同調栽培が増える。

稲の大きさが違う水田を同時に調べれば、稲の成長と水生生物の関係がはっきりする。温帯でも稲の成長に伴って水生生物相は変わるが、季節も変わるから、稲の成長が主因とは断定できない。日本から持参した愛用のひしゃくですくってみると、稲が若い水田を好む蚊と稲が成長した水田を好む蚊がいた。後に調べたインドネシアでも同じであった。同様な遷移は、インド、アフリカ、アメリカでも観察された。重要な媒介蚊には、稲が小さい水田を好む種が多い。

ボウフラは稲を直接利用するわけではない。しかし産卵する蚊は、稲の成長に伴う被覆度、水温や水質、水草などの変化に反応し、水田を選択するらしい。インドで最も重要なマラリア蚊の一つキュリシファシハマダラカは、田植え直後の水田に発生し、稲が成長すると他種に置き換わる。水たまりにガラス棒や竹串や稲を植えた筒の密度を変えて配置する実験、透明な覆いと不透明な覆いをする実験などから、密生した大きな稲は、この蚊の産卵を物理的に妨げることが分かった。逆に植物がある水たまりを好む種もいた。

捕食性昆虫の多い水田

ひしゃくには捕食性水生昆虫がたくさん入る。トンボとイトトンボのヤゴ、マツモムシ、ゲンゴロウ、ガムシなど、主な科は日本と共通である。しかし私が見ていた日本の水田に比べると、驚くほど数が多かった。フィリピンのルソン島、後に調べたタイとインドネシアの水田も同じだった。

フィリピンやタイで実験してみると、日本の水田と同様に、捕食によるボウフラの死亡が大きかった。インド、アメリカ、アフリカなど、報告されたどこの水田でもボウフラの死亡率は高く、捕食による死亡が大きい。しかし、ボウフラの死亡のうち、どれだけがアメンボやクモなどの水表捕食者によるのか、よく分かっていない。タイのハマダラカで、水表捕食者による死亡が一〇％以下と推定されただけである。

表2　水田でのボウフラの死亡率。フィリピンのイエカはコガタアカイエカに近い種，フィリピンとタイのハマダラカはシナハマダラカに近い種が主。ガンビアハマダラカは広義。Mogi and Sota, 1991, Adv. Disease Vector Res. 8: 47–75による。

蚊の種類	地域	田植えの	水田数	殺虫剤	死亡率（%）			成虫羽化率
					捕食	その他	計	（%）
コガタアカイエカ	日本	前	4	不使用			98	2
コガタアカイエカ	日本	後	10	混在			97	3
コガタアカイエカ	日本	後	10	混在			93	7
イエカ	フィリピン	後	4	不使用	66	33	99	1
ガンビアハマダラカ	ケニア	後	複数	使用			84	16
ガンビアハマダラカ	ケニア	後	複数	不使用			93	7
ハマダラカ	フィリピン	後	3	不使用			97	3
ハマダラカ	フィリピン	後	1	不使用	49	50	99	1
ハマダラカ	タイ	後	4	不使用	42	56	98	2
プソロフォラ	アメリカ	後	複数	おそらく混在	49	47	96	4

地中海性気候のカリフォルニアでは、雨は冬にだけ少し降る。アメリカ西岸に固有の蚊は、夏眠した卵から初冬にボウフラがふ化して、春に成虫になる。草は初冬に芽生え初夏に枯れる。「夏草や兵どもが夢の跡」とは逆転した世界である。一九七九年八月、カリフォルニア農業の中心地の一つフレズノに蚊の研究者を訪ねた。枯れて乾いた草原は見事な黄金色である。セスナ機を自ら操縦して水田にいくのがアメリカらしかった。三〇分ほど乾燥地を飛んだ後、もうもうと砂煙を巻き上げて水田横の空き地に着陸した。種子も飛行機でまくので、日本の水田を見慣れた目には雑に見える。ひしゃくですくうと、おなじみのトンボのヤゴやゲンゴロウが入った。

フレズノの四枚の水田で、夏の三ヵ月、ひしゃくとトラップで採集した結果から、ヒル、ミジンコ、水生昆虫、オタマジャクシなど、六三種の動物が普通種とされている。魚は放流されたカダヤシだけだったが（11章）、捕食性昆虫は、ヤンマ、イトトンボ、アメンボ、カタビロアメンボ、タガメ、マツモムシ、ゲンゴロウ、ガムシを含む、少なくとも二五種がいた。カリフォルニアの水田は一〇〇年ほどの歴史しかない。しかし、その生物相の豊かさは、長い歴史をもつアジアの水田に劣らない。潅漑によって乾燥地に生まれた水たまりに、新たな生物群集が形成されてしまったのだ。水田の環境創造力を目の当たりにした思いだった。

稲の成長に伴う捕食性水生昆虫の種別の遷移は、熱帯では調べられていない。大きなグループごとだと、私が見たフィリピンとインドネシアの水田では、マツモムシとゲンゴロウに比べてトンボは遅れて、イトトンボは更に遅れて、数が増える傾向があった。インド南部の水田でも、田植え後、マツモムシとゲンゴロウは二〜三週、トンボは三〜五週、イトトンボは更に遅れて最高密度になった。

豊かな水生生物相

水田の水生生物は目立たないが、その多様さは水面上に劣らない。フィリピンで、水上と水中の肉眼的大きさの全無脊椎動物を採集する調査がされた。田植えから収穫まで八回の調査で、水上と水中の種数は大差なかったが、個体数は常に水中が多く、分けつ期までは一けた以上多かっ

表3　水田の水生生物相。半水生も含む。東北タイの15×10m²の水田で1年間観察。分類体系は原著者に従った。太字の分類群はほぼ全種が同定ないし種数が確認されたことを示す。その他の分類群の種数は同定が進めば増える。Heckman, 1979, Rice field ecology in northeastern Thailand, pp. 228, Junk, The Hagueによる。

分類群	確認された生物の例（分類単位は不同。数の多少とも関係ない）	確認種数
藍(らん)藻	ユレモ，スピルレナ，アナベナ	11
黄金色植物	ミノヒゲムシ，モトヨセヒゲムシ，サヤツナギ	13
クリプト植物	クリプトモナス，キロモナス	3
渦鞭毛植物	ハダカオビムシ，タマオビムシ	3
珪藻植物	ハネケイソウ，イチモンジケイソウ，ハリケイソウ フナガタケイソウ	29
緑藻植物	コナミドリムシ，ミカヅキモ，ツヅミモ，アオミドロ，ホシミドロ，サヤミドロ	64
車軸藻植物	シャジクモ	1
シダ植物	サンショウモ，アカウキクサ，デンジソウ	3
双子葉植物	ヨウサイ，タヌキモ	10
単子葉植物	ボタンウキクサ，アオウキクサ，クロモ，スズメノヒエ，カヤツリグサ，カゼクサ	25
ユーグレナ植物	ミドリムシ，ウチワヒゲムシ，トックリヒゲムシ，フトヒゲムシ	41
原生動物	アメーバ，タイヨウチュウ，ツボカムリ，ゾウリムシ，ラッパムシ，ツリガネムシ	117
刺胞動物	ヒドラ	1
扁形動物	イトヒメウズムシ，クサリヒメウズムシ，ナガフンヒメウズムシ，吸虫のセルカリア	7
線形動物	モノンクス	7
輪形動物	ツキガタワムシ，ウサギワムシ，チビワムシ，カシラワムシ，ツボワムシ	50
腹毛動物	イタチムシ	7
環形動物	ウチワミミズ，ミズミミズ，テングミズミミズ，トガリミズミミズ，ヒル	11
軟体動物	ヒラマキミズマイマイ，タニシモドキ，インドヒラマキガイ	12
節足動物	ミズダニ，クモ，ミジンコ，ケンミジンコ，カイミジンコ，エビ，水生昆虫	146
脊椎動物	魚，カエル，ヘビ	28
合計		589

た。特にミジンコが多かった。

微生物なども含めると、水生生物の種数は飛躍的に増える。東北タイの一五×一〇平方メートルの水田で一年間に観察された水生生物について見ると、微生物は同定が遅れているにもかかわらず六五％を占め、肉眼的動物は三五％にすぎなかった。山崎真嗣らが愛知の一〇〇×五〇平方メートルの水田で湛水から排水までの四ヵ月に得た〇・〇三ミリ〜二センチの水生生物三九目のうち、肉眼的無脊椎動物は三分の一以下であった。

微小生物も蚊に大きな影響を与えうる。カリフォルニア米で知られるサクラメントの水田では、ボウフラの天敵として、昆虫や放流される魚よりヒメウズムシが重要な場合がある。〇・二ミリの網目を通過できる微小ウズムシだが、触れられた小さなボウフラはすぐに麻痺してしまい、一部は食べられる。よく研究されていないが、一〇種以上いるらしい。紅花（サフラワー）などを栽培した後に水田に戻すと、ヒメウズムシがいないのでボウフラが大発生しやすい。

愛知の水田では、中干し後にヒメウズムシが多かったという。東北タイの水田でも、数ミリ以下のウズムシが少なくとも数種確認された。熱帯アジアの微小ウズムシに関する研究はない。

かく乱されると蚊が増えやすい

水田の水生生物は頻繁に大きな危機にさらされる。豪雨による流失（2章）もその一つである。殺虫剤と乾燥も全滅の危険をもたらす。天水田は雨がないと乾燥する。灌漑施設が整備されると、一時的乾燥が水田の水管理に組み込まれる。水流の影響はボウフラが最も強く受けるが、殺虫剤と乾燥は、長期的には天敵への影響が大きい。

　天敵に比べて蚊の一世代は短い。温帯では春から秋、亜熱帯や熱帯では周年、繁殖を繰り返す。魚や捕食性昆虫の発育期間は長い。温帯では特定の季節にだけ繁殖する種が多いので、回復には更に時間

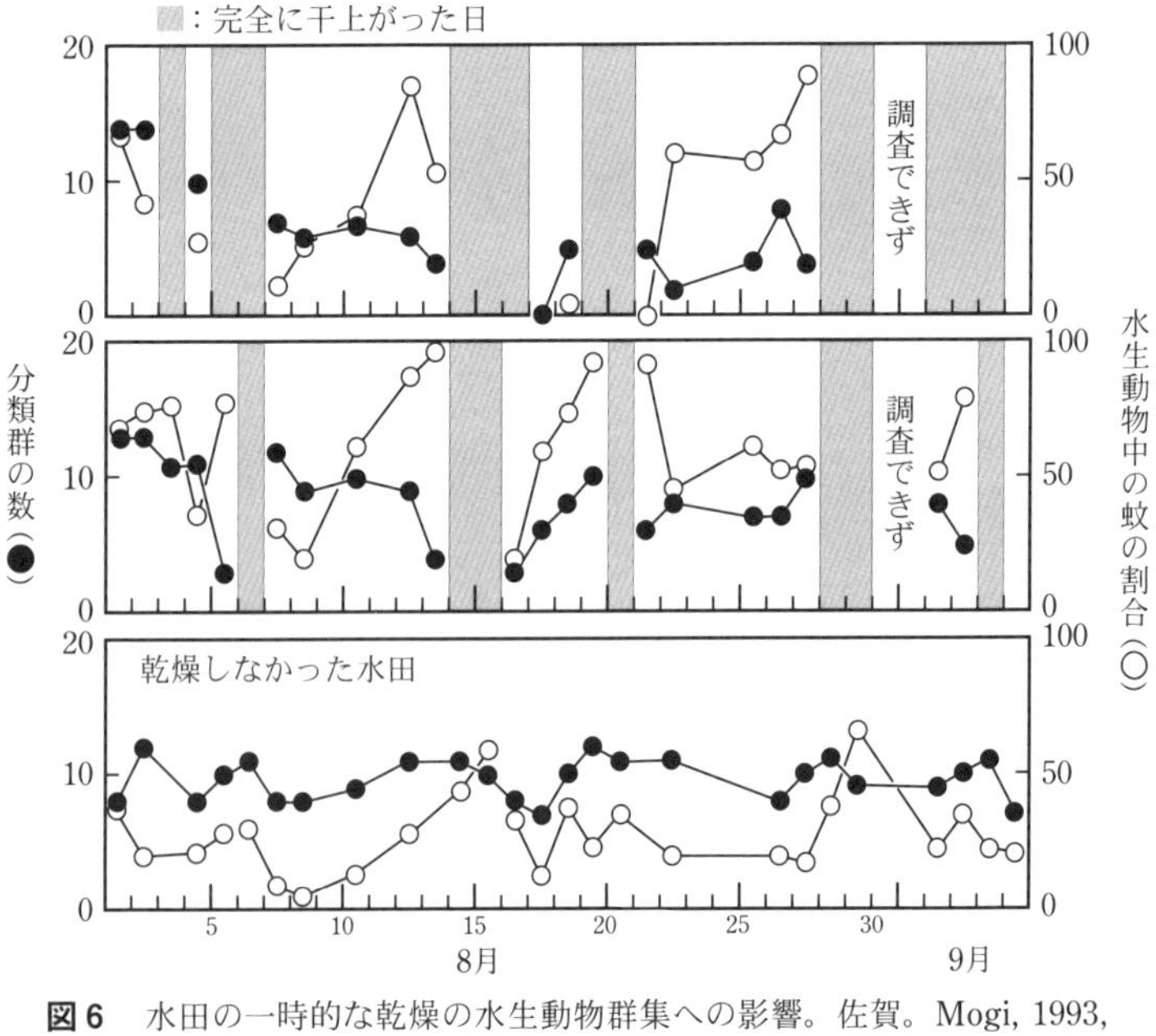

図6　水田の一時的な乾燥の水生動物群集への影響。佐賀。Mogi, 1993, J. Med. Entomol. 30: 307–319による。

がかかる。

殺虫剤の効果が消えると、ボウフラはすぐ現れるが、天敵の数は少ない。その結果、殺虫剤散布後の水田ではボウフラの生存率が高まることがある。ケニアの水田でボウフラが蚊になる率は、殺虫剤散布前の七％から、散布二週間後には一六％に上昇した。初めの数が同じとすれば、蚊の数は倍増する計算になる。

水田の一時的乾燥後に水が入ると、ボウフラはすぐ現れて増える。天敵は少なく、水生昆虫の中でのボウフラの割合が増える。蚊は不安定な水たまりを素早く利用する。

家畜が蚊を支える

水田農村には家畜が多い。牛と水牛は、使役と食肉用に、最も広く飼われている。馬が使役に欠かせない地域も多い。東南アジアの農村では小型の在来品種が多い。イスラム教徒でなければ豚も飼う。犬はどこにもいる。

水田の蚊は家畜からよく吸血する。水田に近い畜舎には、夜になると多数の蚊が飛来する。大きな牛や水牛は特に多くの蚊を引き付ける。家畜も体や皮膚を動かして蚊を追い払うが、人に比べて、はるかに無防備である。水田から発生する蚊は、普通、人よりも家畜から多く吸血する。

蚊の消化管内の血液の種類は、免疫学的方法で鑑定できる。アジアの水田地帯では、九〇％くらいの蚊は牛や水牛や豚から吸血する。牛や豚の数より人口が多い場合でも、人から吸血している蚊は一％以下ということもある。

人が媒介病に感染する場合でも、蚊から見れば、人は重要な吸血対象ではないかもしれない。インドの農村では子供が一晩に最高数十匹の蚊に吸血されたが（２章）、牛や豚は普通に数百〜数千匹の蚊に吸血される。日本脳炎が流行していた一九六〇年代、岡山での調査がある。豚成獣一頭が延べ五万匹のコガタアカイエカに吸血されたと推定された夜、一〇〇メートル離れた家の上半身裸の人に飛来したの

表 4　アジアの水田農村でのコガタアカイエカ（Ct）とキュリシファシハマダラカ（Ac）の吸血源（％）。＜1は1％以下，空欄は0％を示す。対人比は主要な吸血源である牛または豚1頭は人1人の何倍吸血されやすいかを示す。多くの村で人からの吸血は確認されなかったので，対人比は最小推定値を示し，実際はそれ以上。Mogi and Sota, 1991, Adv. Disease Vector Res. 8: 47–75に掲載された10地点から任意に6地点を選んだ。元の表にある調査した村の人口と家畜・家禽数は省略した。

吸血源	日本	マレーシア	タイ	インド	パキスタン			
	沖縄	サラワク	チェンマイ	アーコット	パンジャブ		パンジャブ	
	Ct	Ct	Ct	Ct	Ct	Ac	Ct	Ac
人		4	＜1	＜1		＜1		＜1
豚	36	90	8					
牛・水牛	46		83	98	89	59	94	68
ヤギ・羊	6					＜1		
ラクダ						＜1		
馬・ロバ	8		＜1		1	1		1
犬	1	5	＜1			1		1
鶏・アヒル	1	1	＜1	＜1				＜1
野生の鳩								＜1
複数種混合	3			1		1＞		
同定不能			8	1	10	39	6	30
対人比	167	1,125	288	212	18	12	60	43

は一七四匹であった。家畜には一匹の蚊が何回も吸血にくる。佐賀での観察では、豚にとまった蚊の八〇%は吸血開始前や少し吸血しただけで離れ、再吸血を試みる。吸血しやすい場所を見つけられないこともあるし、豚の防御行動に邪魔されて離れてしまうこともある。吸血成功率を二〇%とすれば、延べ五万匹だと正味一万匹が吸血したことになる。

蚊は吸血して卵をつくる。ボウフラの源は動物の血液である。家畜が、水田から発生する蚊を支えている。

水田の蚊はよく飛ぶ

よく飛ぶことも水田の蚊に共通の特徴である。直接的な証拠は、標識した蚊を放して採集すると得られる。コガタアカイエカに色素を付けて放すと、翌日には数キロ離れた畜舎で吸血にくる蚊がいる。京都で放された蚊は標高数百メートルの比良山地を越え、翌日、琵琶湖畔で吸血にきた。

間接的な証拠も多い。標高六〇〇メートルを超える生駒山頂で、多数のコガタアカイエカが採集された。山頂にコガタアカイエカが発生する水たまりはない。平地の水田地帯から吹き上げられてきたのだろう。中国でコガタアカイエカの長距離移動を調べているミンは、三〜四〇〇メートル上空を飛ぶ蚊を採集した。

写真10　コガタアカイエカの長距離移動を生涯の研究課題とする上海のミンさん。ウンカの長距離移動を研究するイギリスチームに参加して高層のコガタアカイエカを採集。レーダーで昆虫を探知し気球で網を上げて採集する。

東シナ海の男女群島は、五島列島から一〇〇キロ、九州本土から二〇〇キロ以上離れている。灯台の職員しかいない（一九七〇年代）。玄海灘の筑前沖ノ島は壱岐・対馬・九州本土、いずれからも数十キロ離れている。住人は宗像神社を守る神官一名である。どちらも接岸さえ困難な絶壁の島で、コガタアカイエカが定住できる環境はない。ところが、水槽などにコガタアカイエカのボウフラがいることがある。飛来した蚊が産卵したに違いない。

島には気づかれない水たまりがあるのだろうと疑う人も、船での採集には疑問を差し挟めない。コガタアカイエカは、陸地から数百キロ離れた太平洋上の気象観測船で採集されたこともある。

水田の蚊は放浪者

家畜がいれば吸血でき、水田があればボウフラが育つ。動き回らなくても子孫を残せる。水田の蚊はなぜ飛ぶのだろうか。

人間が水田をつくる前、彼らは、大雨や川の氾濫によってできる一時的な水たまりを利用していた。夏の直射日光にさらされた浅い水たまりの水温は三〇度を超えるが、高温に強い水田の蚊のボウフラは速やかに育つ。コガタアカイエカだと、一〇日ほど水があれば産まれた卵が蚊になり、新たな水たまりを求めて飛び立っていく。

彼らは、池、湿地、川の淀みなども利用する。こうした安定水域には魚がいるが、ボウフラは繁茂したヨシの間や浮遊藻類上のくぼみ、集積ごみの間など、魚がいけない場所にいる。このような隠れ

写真 11　日当たりのよい一時的な水たまりの例。(a) 地面のくぼみの雨水。(b) あふれた川の水。(c) 家畜や人の足跡のたまり水。(d) ハマダラカのボウフラ。濁っているのでイエカのボウフラは見えない。

家は、植物の成長・人や風や波の影響を受けやすく、簡単になくなる。水域自体は安定だが、ボウフラが棲める場所は一時的な水たまりである。

ダム湖で水田の蚊が大発生した記録がある。一九六一年六月二七日、長野県伊那谷は三二五ミリの集中豪雨にみまわれた。洪水で流失した家屋や草木などが天竜川を流下し、佐久間ダム湖に集積した。水面下一五メートルにある水門から放流したため、集積物はダム湖下部に幅三五〇メートル長さ四キロにわたって密集、その上の水たまりにボウフラが発生した。コガタアカイエカやシナハマダラカなど、水田から発生する蚊が主であった。豪雨一〇日後から、普段は蚊帳も使わない周辺の人家に、蚊の大群が飛来し始めた。被害地域は日ごとに拡大し、ダムから数キロの村にも及んだ。住民は閉め切った家にこもり、犬は狂いまわり、鶏も産卵しなくなったという。放流を止めると集積物が離散して水たまりは消滅し、被害もなくなった。ダムの近くに水田はない。報告した榊原正純は、数十キロ上流の水田地帯からボウフラが流下したと考えたが、私は飛来蚊の産卵によるボウフラが多かったのではないかと考える。

本来は一時的で不安定な水たまりに発生するから、水田の蚊はよく飛ぶ。彼らはいつも飛び回り、好みの水たまりを見つけて産卵する。海上の点にすぎない船上で採れた蚊は、多数の蚊が飛んでいる証拠である。常に広域を飛び回っている水田の蚊、その対策が難しい大きな原因である。

ため池の蚊・ドブの蚊・容器の蚊

稲作農村では、水田以外から発生する蚊の被害も大きい。それらも含めて考えないと蚊対策は成功しない。

ため池や淀んだ水路には、浮遊植物ホテイアオイやボタンウキクサなどが繁茂する。水中に垂れ下がった根は、ヌマカのボウフラの棲み家である。彼らは浮遊植物の根にしっかり付着し、植物を引き上げても落ちない。バケツに入れた水の中で激しく振るとようやく離れる。ヌマカには人からよく吸血する種がいる。攻撃は激しく、ヌマカが潜む藪の近くでは、昼も吸血される。フィラリア症を媒介する。

農家の排水は近くの溝に流れ込む。淀んで悪臭を放つ汚水を好むのがアカイエカやネッタイイエカである。日本でおなじみのアカイエカの熱帯型がネッタイイエカで、全世界の熱帯や亜熱帯に分布する。ボウフラは人

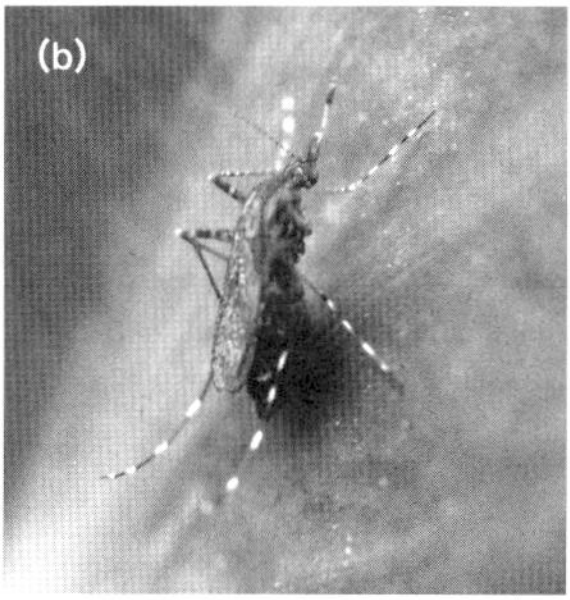

写真 12 (a) 池に繁茂するホテイアオイを引き上げ，根に付着するヌマカのボウフラを採集。(b) アジアの温帯から熱帯まで分布が広いアシマダラヌマカ。

写真13　家庭排水や雨水がたまる淀んだ溝。

家周辺の汚水だけにいて、人里から離れた水たまりにはいない。フィラリア症を媒介する。

農家の内外には水のたまった容器が多い。人が水をためる容器と、廃棄された容器がある。台所の水がめ、水浴び場や便所のコンクリート水槽は、前者である。熱帯の水道がない農村では、井戸や川から運んだ水をためる。軒下には雨水をためるドラム缶も多い。廃棄容器はさまざまだが、空き缶やプラスチック容器は代表的なものだろう。使用済みのタイヤ（ゴムの部分）も露天に放置されやすい。熱帯では、捨てられたココナツやカカオの殻も雨水がたまる容器である。容器のたまり水にはヤブカのボウフラがよく発生する。ネッタイシマカやヒトスジシマカが代表である。いずれも激しく人を襲うだけでなく、全世界の温暖地でウイルスによるデング熱を媒介する。デング熱の中で症状の激しいデング出血熱は、子供の死亡率が高い。ネッタイシマカは、アフリカや南アメリカでは、黄熱も媒介する。黄熱は免疫がないと死亡率が高い。厳しく監視されているが、サハラ以南のアフリカでは小規模な流行が絶えない。これまでは水田農村の病気ではなかったが、環境が変われば新たな事態が起こりうる。

写真 14　蚊が発生する容器とシマカ。(a) 軒下のドラム缶。ブリキ板で集水効率を上げている。(b), (c) 屋内の容器。便所の水槽と台所の素焼きつぼ。ふたをしていても，蚊はふたを開けたときやすき間から進入して産卵する。(d) ネッタイシマカ（白井良和さん提供）。背中横の鎌形白斑が特徴。(e) ヒトスジシマカ。背中の白線が特徴。

4章　水田開発とライス・マラリア

古くから認められていた病気の流行

アジアの多くの地域で水田稲作の歴史は長い。雨が多いと湿地や水たまりも豊富で、開田の影響が分かりにくくなる。私たちは水田に対して悪いイメージを全くもっていない。稲の霊力が信じられ、水田は神聖な場であった。

水田が全く新しい環境として導入された地域では事情が違う。「水田–蚊–病気」というつながりが認識される前から、稲作に伴う、マラリアと推測される病気の流行が記録されている。

中世に稲が導入されたスペインでは、一四世紀以降、健康に悪いという理由で、都市近郊での稲栽培がしばしば禁止された。一四八三年、王ドン・アロンゾは「稲作をした者は死罪」と定めた。スペイン人が殖民したアルゼンチンでも稲作は厳しく規制された。スペインは地中海性気候で年間総雨量は日本の三分の一ほど、アルゼンチンも半分ほどである。地中海性気候では夏は雨がほとんど降らない（3章）。夏に水をたたえる稲作の影響は明瞭だったであろう。

写真 15　スペイン・エブロデルタの水田。土着マラリアはなくなったが，水田は今も蚊対策者にとって悩みの種。

ポルトガルでは、一九世紀に稲作が普及すると、反復する発熱との関係が社会問題になり、原因調査委員会が設立された。一八六〇年に出された報告書は、「米一・六立方メートルで一人の命が失われる」と結論づけた。しかし原因が分からないまま状況は悪化し、「国家に最大の損失をもたらす病気」といわれるに至った。ここも地中海性気候で夏は雨が少ない。

スペインに代わって北アメリカへの殖民に力を入れ始めたイギリスは、一七世紀後半、カロライナに稲を導入した。急速に拡大した稲作はカロライナに繁栄と病気をもたらした。水田を所有する白人は、夏は雇用者に管理をゆだね、水田から離れてすごした。水田の近くにとどまることは、死の危険を冒すことであった。

ライス・マラリア

一九世紀末にマラリアの病原体と蚊媒介が発見され、その後は病名も明瞭である。フランス統治下のモロッコでは、マラリアの流行を防ぐため、二〇世紀に入っても稲作が禁止されたことがある。イギリスは、一九四二年、委任統治下のイスラエルに稲作導入を試みたが、マラリアの流行で中止された。オランダも、ジャワ島で稲作に伴うマラリアに手をやき、稲作の中止を検討した（7章）。稲作に伴うマラリアの流行を示す言葉「ライス・マラリア」は、一九三〇年代に使われ始めた。

二〇世紀後半にも問題は続く。インド西北部タール砂漠のインディラガンジー水路網は一九五八年から四〇年かけて建設され、主水路六五〇キロ、総延長一万キロに達する。その結果、広大な水田や畑が生まれるとともに、マラリアの少ない乾燥地が深刻なマラリア流行地になった。主な媒介蚊が一種から三種に増え、死亡率の高い熱帯熱マラリアが増えた。水田だけでなく、漏水と排水不良によってできた水たまりと湿地が大きな問題であった。

サハラ以南のアフリカでも、稲作とマラリアや媒介蚊の結び付きを示す報告は多い。ブルンディ、ギニアビサウ、カメルーン、ケニア、マダガスカルなどの例がよく言及される。

ブルンディで最も重要なマラリア蚊の発生は、綿作農村では雨季だけだが、水田農村では周年で数も一〇倍である。子供のマラリア感染率は二倍であった。

写真 16　ケニア山麓ムエアの潅漑水田。日本も開発を援助した。

ケニア南部のサバンナ地帯では、年間一二〇〇ミリ余りの雨が三～五月の雨季と一一～一二月の小雨季に集中し、乾季が長い。蚊の発生水域として、湖や川沿いのパピルスが茂る湿地が重要で、雨季に拡大する。もともとは水草のある湿地を好むヌマカが圧倒的に多く、一時的な水たまりを好むマラリア蚊は少なかったが、湿地が潅漑水田になると、ヌマカとマラリア蚊の勢力が逆転した。ケニア北部では、水田ができると、周年、マラリア蚊が発生するようになった。

ハマダラカが媒介するアフリカのフィラリア症も水田とかかわる。ガーナのフィラリア症は、ダムに近い水田農村で最も感染率が高い。

アジアでの日本脳炎の流行拡大（3章）は、水田の拡大が原因とされる。タイ、インド、スリランカ、ネパールでは、日本脳炎が増えた時代と水田拡大期が、ほぼ一致する。

水田と蚊媒介病の結び付きは常に指摘されてきた。しかし、「水田開発–蚊–媒介病」の因果関係を明瞭に示す科学的データは少ない。古くから水田があり雨が多いアジアでは、影響が分かりにくかった。影響が分かりやすい新興水田地域、特に乾燥地でも、開発前と後を比較できるデータはほとんどない。流行の現場では記録より対策であろう。データなしにいわれ続けてきたことが、研究以前の問題の大きさを示している。

スリランカの水田開発

スリランカで貴重な記録が得られた。森林伐採から、灌漑施設建設と農民の入植を経て、稲作を含む灌漑農業の実施まで、六年間にわたる蚊の発生状況が記録された。開発と蚊の関係を時間的に追った唯一の計画的な記録である。

マハウェリ計画は一九六〇年代末に策定された。目標では三〇年間に三六四〇平方キロが開発され、一〇〇万人が入植する。それぞれ、国土と全人口の数%に当たる。耕地の造成とともに、入植者が生活できる社会基盤整備も必要である。入植地での問題の一つがマラリアの流行であった。

スリランカのマラリア患者数は、対策の成否や環境変化による大きな増減を繰り返してきた。

一九八〇年代初めは比較的少なかったが、中ごろから急激に増えた。政府の方針転換により、マハウェリ計画が急速に進んだ時代と一致する。この時代に、計画地域の一画で、蚊や蚊媒介病の動向が記録された。

開発によって、蚊の世界は劇的に変わった。森林性の種の一部が絶滅し、新たに棲みついた種はいなかったので、総種数は減った。六年間の数の変化を見ると、増えた種、減った種、途中で最も優勢だった種と大きな変化がなかった種に分けられた。日本脳炎を媒介するイエカが激増し、マラリアを媒介するハマダラカでは優勢種が交代した。工事進行中は、水草のある淀んだ水域

表5 マハウェリ計画に伴う蚊の種数と優勢な種の変化。各時代に多かった順に10種を示す。森林時代に多かった10種で1989年の上位10種に入っていない種は1989年の順位を，逆に，1989年に多かった10種で森林時代の上位10種に入っていない種は森林時代の順位を，括弧内に示す。種名の最後のアルファベットは属名を示し，Cuはイエカ，Anはハマダラカ，Miはコブハシカ，Aeはヤブカ，Maはヌマカ，Adはエデオミア。Amerasinghe and Indrajith, 1994, J. Med. Entomol. 31: 516–523による。

順位	森林時代	入植時代	灌漑時代		
	1984～1985	1986	1987	1988	1989
1	ミムルスCu (30)	ミムルスCu	シロハシCu	シロハシCu	シロハシCu
2	キュリシファシAn (19)	アヌリフェラMa	チャンバーラインMi	コガタアカCu	コガタアカCu (22)
3	バルビロストリスAn	チャンバーラインMi	アヌリフェラMa	ニジェリムスAn	ニジェリムスAn (12)
4	シロハシCu	ハイブリダMi	コガタアカCu	アニュラリスAn	ペディテニアトスAn (31)
5	チャンバーラインMi	キュリシファシAn	ハイブリダMi	チャンバーラインMi	バグスAn
6	バグスAn	シロハシCu	キュリシファシAn	ペディテニアトスAn	バルナAn (19)
7	ジャメシAe (14)	バグスAn	バグスAn	ハイブリダMi	アニュラリスAn (34)
8	カラツCu (12)	バルビロストリスAn	アニュラリスAn	バルナAn	バルビロストリスAn
9	ビッタートスAe (21)	マライCu	カラツCu	アヌリフェラMa	チャンバーラインMi
10	アヌリフェラMa (18)	バルナAn	カタスティクタAd	バグスAn	ニセシロハシCu (23)
総種数	49	49	42	41	39

が増え、ヌマカが多かった。

調査地のマラリアは、急激に増えてから減る傾向を示した。マラリアが少ない地方からきた多くの入植者は、初め抵抗性がなかった。感染の反復で抵抗力は高まる。日本脳炎患者は調査時にはいなかったが、豚はすでにウイルスに感染していた。このころ、スリランカでは日本脳炎の流行が拡大し（3章）、今は全国から患者が出る。

ハマダラカの種が交代した一因は、潅漑用水の放出によって乾季の川の水位が上がり、干上がった川床にできる水たまりが減ったことらしい。マハウェリ計画地内の川で、逆のことも起こった。上流にできたダムに貯水されるので水位が下がり、露出した川床の岩盤に水たまりが多数できた。その結果、ハマダラカが増え、マラリアが流行した。開発の影響は単純ではない。

マハウェリ計画地での調査は、水田開発の蚊や媒介病への影響が複雑で常に変動していることを、初めて、データで示した。

PEEM

「媒介動物駆除のための環境管理についての専門家委員会」ＰＥＥＭは、一九八一年、世界保健機関ＷＨＯ・国連食糧農業機関ＦＡＯ・国連環境計画ＵＮＥＰ（一九九一年に国連人間居住センターＵＮＣＨＳも参加）の共同委員会として設立され、八〇年代から九〇年代初めに、環境改善による媒介動物対策の推進に大きな役割を果たした。農業や環境分野と共同で媒介病が発生しない環境づくりを目ざす姿勢は、当時、とても新鮮であった。一九八一年九月、ジュネーブでの最初の会議から、水田開発と媒介病は重要な課題であった。

最盛期には、媒介動物や寄生虫、公衆衛生、水資源開発や農業開発、水利工学、環境問題や生態学などの専門家、約五〇名が委員であった。アフリカでの媒介病の深刻さを反映し、例えば一九九五年には四七名のうち一二名がアフリカから選ばれている。私は一九八〇年代末から九〇年代初めに、委員としてその活動の一端にかかわった。

一九八七年、「水田生態系管理による媒介病対策」会議が、マニラ近郊の国際稲研究所で開催された。参加者の国別ではアメリカが最も多く、RMMP（3章）の研究者たちが顔をそろえていた。農業生産のための水田生態系研究に比べ、媒介動物対策のための研究は著しく遅れていた。会議では、媒介動物に焦点をあてた水田生態系の研究とともに、農業と保健分野の協力の必要性が強調された。会議での発表をまとめた本は、水田に関連した媒介動物の研究と対策を考えるうえでの基本文献の一つになっている。媒介動物対策の必要性を農業関係者に広めるうえで、大きな意義をもつ会議であった。稲の害虫と人の病気の媒介者は、同じ水田に棲む害虫であるにもかかわらず、研究や対策での協力は、それまでほとんどなかったのである。

一九九二年、水田生態系と媒介動物の研究を熱帯アジアで進めるための計画策定会議が、マニラのアジア開発銀行で開催された。インド北部と南部、タイ、インドネシア、フィリピンで、同時に、五年間にわたって研究する大きな計画であった。各地域の担当予定者も参加し、研究計画が討議された。しかし、資金源として最も期待したアジア開発銀行の支援が得られず、計画は挫折した。

資金獲得競争に負けた一因は、前述のように、「水田開発–媒介動物–病気」のつながりを示すデータが、特に東南アジアでは少なかったことであろう。これ以後、PEEMの活動はそれまで以上にアフリカに向けられ（12、16章）、その意図は、国際農業研究協議グループCGIARの支援のもとで二〇〇二年から始まった五年計画、「マラリアと農業に関する共同イニシアチブ」SIMA（16章）に引き継がれていく。

PEEMで考えたこと

PEEMでの活動に報酬はない。しかし世界の研究者たちと直接に交流できる利点は大きい。私にとって、水田と媒介病に関する三つの課題を認識する機会になった。

第一。水田の悪い面が強調されすぎている。水田の蚊や寄生虫は大きな健康被害をもたらす危険性をもつ。しかし、稲作導入が健康促進に役立つ面もあるはずだ。良い面はきちんと評価したうえで、悪い面を最小にすることが正しい戦略ではないか。そのためには、環境や人の生活の総合的評価が必要である。

第二。水田農村がつくられる過程についての情報がほとんどない。スリランカの例は貴重だが、対象は水たまりの蚊で、蚊の天敵や人家内外の容器の蚊は対象外であった。新水田には天敵がすぐに棲みつくのだろうか。新しい村の容器にはすぐに蚊が棲みつくのだろうか。情報は皆無だった。過去の例では、ダムや水路の建設中や直後に、しばしば、マラリアなどが大流行したらしい。スリランカでもその傾向があった。こうした開発初期に起こった病気の流行は、建設従事者や入植者が免疫をもたないためと説明されてきた。原因はそれだけだろうか。

第三。人の媒介病と家畜の関係をよく知る必要がある。人の病気への家畜の影響は、正負、どちらもありうる。豚は日本脳炎ウイルスの増殖に貢献する（2章）。しかし牛や馬の体内ではマラリアなどの病原体は増えない。そのため、蚊の吸血が牛馬に集中すると（3章）、人がそうした病気に感染する危険性は減ると考えられていた（12章）。蚊の数が一定なら、そのとおりだろう。だが家畜から吸血することによって蚊が増えたらどうなるか。問題は単純ではない。

総合評価の必要性は多くの人が感じていたと思う。アフリカでは、稲作の望ましい効果を評価した報告が増えてきた（16章）。しかし第二点に注目する人は少なく、第三点は全く見過ごされていた。

インドネシアで開発現場を見る

インドネシアは一九八〇年代半ばに米の自給を達成したが、九〇年代に輸入国に逆戻りした（二〇〇四年、再び自給の見込みと報道された）。人口増加による需要と輸出への期待から、増産が求められている。減少傾向とはいえ農業人口は就業者の四〇％を超える。農家の収入増加には生産性向上が必要である。

インドネシア厚生省の媒介動物研究所所長を長く務めたナリムさんは、一九八三年に同じシンポジウムで話して以来の友人である。挫折した水田生態系研究計画では、インドネシアの担当者であった。彼女の紹介で、一九九四年、公共事業省を訪ね、多数の水田開発計画が進行あるいは計画中であることを知った。内容も、森林伐採に始まる新水田と村の建設から天水田の潅漑化まで、あるいは、ダムと水路を含む大規模な建設から小さな地下水くみ上げ施設の建設まで、多様である。開発地での病気は重要な問題ということで、調査に協力してもらえることもありがたかった。

イスラム教徒が九〇％に近いインドネシアでは豚が少なく、日本脳炎はほとんどない（3章）。しかし、ＷＨＯは、ほぼ全域を、マラリア、フィラリア症、デング熱の感染危険地域とみなしている。開発地でのマラリアやフィラリア症の流行が報告され、特にマラリアは深刻な問題とされているが、媒介蚊の発生実態は分からない。開発地の多くはへき地で、「いけば必ずマラリアに感染する」という中央の役所の人もいる。

外国人がインドネシアで調査をするには、共同研究機関からの推薦が必要である。共同研究を受け入れてくれたハサヌディン大学は、東インドネシアの中心都市、スラウェシ島マカッサルにある。医学部と公衆衛生学部の人たちが、調査に協力してくれることになった。

幸い、小規模な調査ができる研究費が得られたので、一九九六年から調査を始めた。開発現場の実態を知ることが目的だから、調査地はへき地である。苦労も多いが、「現場を見る」に勝る情報源はない。限られた地域での調査であったが、開発初期の蚊の生態について、今後の開発に役立つ情報も得られたと考えるので、次章から紹介する。

5章　天水田を潅漑水田にする——南スラウェシ

天水田の潅漑水田化

日本の水田は今すべて潅漑されている。しかし発展途上国では降雨に頼る天水田も多い。インドネシアでは乾季の稲作面積は雨季の数十％、熱帯アジア全域では五〇％以下である。天水田では基本的に雨季だけ稲を栽培する。乾季に稲を栽培しても、水不足のため収量は不安定で少ない。乾季には休閑（何も栽培しない）あるいは乾燥に強い畑作物を栽培することが多い。

天水田への潅漑導入は効率が良い水田開発である。水田としての基本はでき上がっている。天水田といっても、実態は多様である。文字どおり雨だけに依存する場合もあれば、村人による小規模潅漑がなされている場合もある。小規模潅漑によって末端水路ができていれば、水を供給すれば直ちに潅漑稲作に移行できる。小規模潅漑の水源である川やため池や井戸などの水位は、気象条件などに大きく影響されるので、安定した潅漑の効果は大きい。

ビラ潅漑計画

固有生物が多いことで有名なスラウェシ島は、水田の多様性を見るにも良い。乾季にマカッサルから東へ七〇キロ、標高一〇〇〇メートルのマリノへ登っていくと、緑色の低地潅漑水田から茶色に乾燥した天水田地域を経て、高地の伝統的な潅漑水田へ移行する様子を見ることができる。

マカッサルから北へ一五〇キロのサダン潅漑計画地域は、高い生産性ゆえにルンブン・パディ（穀倉）とよばれる。オランダ統治時代に始まる潅漑施設の建設は独立後も継続され、今は数万ヘクタールが恩恵を受けている。稲は年二・五回栽培され、雨季作と乾季作の一ヘクタール当たり収量は、それぞれ四・九と五・八トンである。その周辺の天水田地域に潅漑を導入する計画の一つがビラ潅漑計画である。

ビラ潅漑計画地域は約一万ヘクタールある。乾季の

写真 17　くり抜いた竹をつないで配水する棚田

耕地利用は、稲三五％、畑作物二五％、休閑四〇％であった。川から取水する小規模潅漑が一部で実施されていたが、稲の収量は乾季も雨季も約三トンにすぎなかった。乾季には畑作物の収量も低い。天水田の収量では生活の現状維持が精一杯だが、潅漑化によって収入が増え、余剰金が生じると予測された。

水源は、カロラ川に建設されるダムとビラ川に建設される取水堰（せき）である。カロラダムは長さ二二五メートルで、満水時面積一三・二平方キロ、有効貯水量五七八〇万立方メートルの湖ができる。水路の総延長は、潅漑用と排水用を含めて一次から四次まで、それぞれ七〇、一一〇、四五八、七二九キロ、基幹水路沿いに建設される幅三〜五メートルの監視道路は九四キロである。建設は一九九一年に始まり、九五年にほぼ終了した。

新潅漑の問題

一九九六年七月、潅漑下での最初の稲が育つビラを訪れた。ボウフラの発生環境を、天水田が潅漑された直後に調べるためである。調査対象は水田に直結する三次・四次水路と、水田以外の水たまりにしぼった。末端水路を見れば水管理の良否が分かる。水たまりも水制御の良否の目安になる。限られた時間と労力で全体を把握するのに良い。幅三メートル以上でコンクリート護岸の新しい一次・二次水路には、常に水が流れ、ボウフラは発生しない。

表6　水田灌漑の状態と水田に付随した蚊の発生可能水域。水田1km²当たりのm²で示す。

水域の種類	エンパガエ	カロラ		ネポ
		小規模灌漑あり	小規模灌漑なし	
水路	7,100	7,112	6,943	2,783
管理良好	6,405	6,351	4,369	
管理不良	695	761	2,574	
水たまり	763	2,819	17,438	849
ため池	105	0	92	83
井戸	0	0	1	76

三つの村を比較した。カロラ村はビラ計画地域のほぼ中央、エンパガエ村はサダン計画地域、ネポ村は天水田地域にある。私たちは調査地をくまなく歩き、すべての水路と水たまりの状態を記録した。必要なのは体力だけで芸のないこと甚だしいが、確実に正確な情報が得られる。

ネポ村の水田には厳密にいえば灌漑水路はない。一部の水田は小川を水源あるいは排水路として利用し、井戸水や家庭排水も水源として利用されていた。稲の生育は水田ごとにまちまちで、生育が悪い乾田がある一方では、収穫期が近いのに深く水をたたえた湿田もあった。

サダン灌漑地域にあるエンパガエ村の水路は、よく管理されていた。草刈りと泥上げによって水はよく流れ、管理不良の水路は一〇%だけであった。水田以外の水たまりも少なかった。農民が管理する末端水路の良好な状態とは対照的に、一次・二次水路では老朽化による傷みが目についた。

新灌漑地域カロラ村の状況は、小規模灌漑の有無で全く違

写真18　末端水路。(a) エンパガエの旧水路。草刈りや泥上げが行き届く。(b) カロラの新水路。雑草が茂り水は流れにくい。

った。小規模潅漑があった地域では既設水路が生かされ、管理も良く、エンパガエ村と似ていた。

小規模潅漑がなかった地域では末端水路が新たにつくられた。新水路は未整備で、水があふれたり、逆に淀んでいる部分が四〇％もあった。その結果、水田以外の水たまりの総面積は、小規模潅漑があった地域の五倍になった。潅漑専門家によれば、新水路がエンパガエ村の水路のようになるまで数年かかる。水路の改修だけでなく、草や泥を除去し適切に水を流す管理も必要である。エンパガエ村の水路を見ると、水があふれず淀まずに流れるのは当たり前と思ってしまうが、その背景には長い歴史があったのだ。

新潅漑地域では、小規模潅漑の有無にかかわりなく、もう一つ問題があった。基幹水路や監視道路沿いに新しい水たまりができていた。原因は二つあった。水路や道路をつくる盛り土を取った跡のくぼ地が放置され水がたまる。この水たまりは数が多いが小さい。水路や道路によって水の動きが妨げられると大きな水たまりができる。浸水した墓地やバナナ畑もあった。放置すれば新たな湿地になる。

村内の蚊 — 容器と下水

潅漑地域の村は平均的に裕福というが、一見して目立つ違いはない。どの村の家も、伝統的な木造高床式である。村内の蚊発生や対策は違うのだろうか。

村でボウフラを調べるときには、水源と水を使う台所や水浴場や便所にまず注目する。ネポ村とカロラ村の水源は川とつるべ井戸で、湧水(ゆうすい)や雨水に頼る家も少数あった。エンパガエ村ではすべての家が井戸を使い、ごく少数だが、電動式井戸が目を引いた。

水をためる習慣は三つの村に共通であった。台所では素焼きのつぼやプラスチック容器、風呂場や便所ではコンクリート水槽やドラム缶がよく使われていた。エンパガエ村では雨水をためる軒下のドラム缶は少なく、廃棄されたタイヤや空き缶などが多かった。蚊を調べる私たちにとって、豊かさの一つの指標はごみの多様性と量である。ほんとに貧しい地方では、空き缶や空き瓶は商品として市場で売買される。どの村でも容器にはヤブカが発生していたが、エンパガエ村は都市型のヤブカが多かった。

表7　村の住宅地での蚊の発生可能水域数（括弧内はボウフラがいた水域数）と主な蚊の種類。20戸で調査。***はボウフラの80％以上，**は40％以上，*は20％以上を占めることを示す。ネポの容器のシマカは種に同定されなかった。

水域の種類	エンパガエ	カロラ	ネポ
地表の水域			
下水路	35 (3)	32 (4)	44 (9)
その他	11 (0)	15 (2)	9 (0)
	ネッタイイエカ***	ニセシロハシイイエカ** コガタアカイエカ* ネッタイイエカ*	ニセシロハシイエカ** コガタアカイエカ*
容器の水域			
ドラム缶	4 (0)	4 (0)	33 (7)
その他	44 (18)	38 (14)	35 (11)
	ネッタイシマカ***	ネッタイシマカ** ヒトスジシマカ**	シマカ***

台所や水浴場の排水は、地面に掘られた幅三〇センチほどの溝に流れ込む。便所排水の一部も溝に入る。エンパガエ村の一部の家はコンクリート便槽を備え、くみ取り車で回収されていた。家庭排水が流入する溝は、道路の側溝に連なる。ネポ村の側溝は幅〇・五〜一メートル、深さ三〇センチほど、管理が悪いため雑草が生えて水は淀み、イエカやハマダラカが発生していた。エンパガエ村では、一部の側溝が幅二メートル、深さ一メートルほどのコンクリート水路に置き換わっていた。灌漑水路の一部なのでよく管理され、水が流れているから蚊は発生しない。溝や水たまりの蚊も、ネポ村は農村型、エンパガエ村は都市型が優勢であった。

灌漑は間接的に村内の蚊に影響する。生活排水が混入する淀んだ溝は減ったが、廃棄容器は増えた。減る蚊と増える蚊があり、蚊の種類は農村型から都市型に移行する。外観は同じに見える村でも、蚊の世界には変化が起きていた。

蚊の害は変わるか

蚊の数は気象や水田の条件により常に変わっているから、短期の調査では標準的な情報が得られない。そこで、アンケートで蚊による吸血被害を調べた。

ネポ村とカロラ村では差がなく、蚊の被害は「まあまあ」と「ひどい」が半々だった。潅漑が始まったばかりのカロラ村での意見は、天水田だったときの印象によるとみなせる。

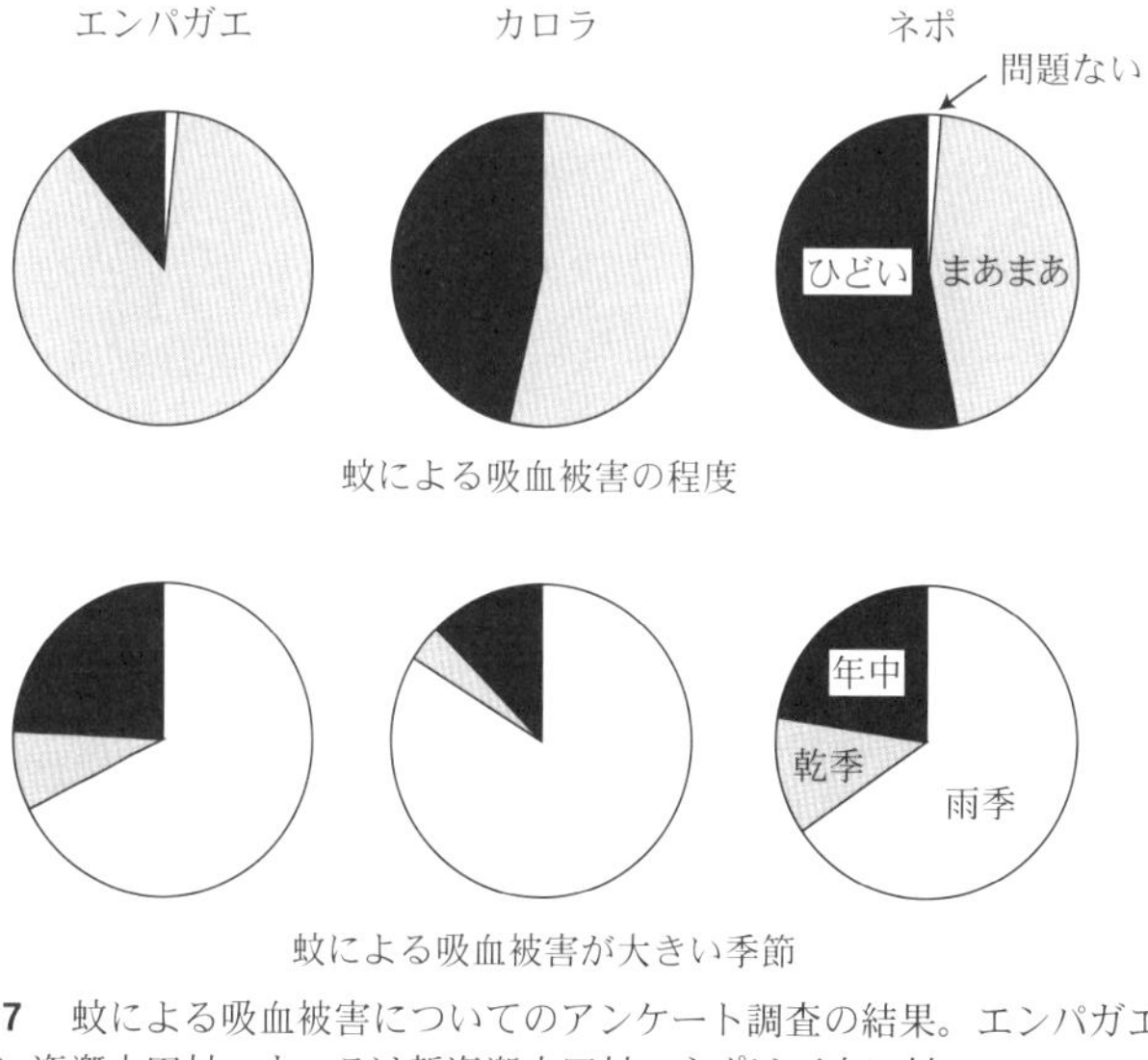

図7　蚊による吸血被害についてのアンケート調査の結果。エンパガエは古い潅漑水田村，カロラは新潅漑水田村，ネポは天水田村。

ところが、エンパガエ村では九〇％の人が「まあまあ」だった。潅漑があれば水域が多いはずなのに、意外な結果であった。季節については、どの村でも、蚊の被害は雨季がひどいと感じている人が最も多く、また、雨季も乾季も同じと感じている人の割合もかわりなかった。天水田村では乾季に水たまりは減るはずなのに、これも意外だった。

家の構造や窓の数は同じで、蚊の入りやすさに差はない。たいていの家で夜は蚊帳を使う。蚊取り線香の使用率にも差はなかったが、スプレーの使用率はエンパガエ村で高く、電気蚊取り器はここだけで使われていた。蚊対策にエンパガエ村の豊かさが現れている。しかし、家庭用殺虫剤は被害を受けてから使われることが多いので、予防効果は少ない。開放的なインドネシア農村の家では、効果は更に減る。エンパガエ村で蚊の被害が少ないのは殺虫剤をよく使うためではない。

先入観をなくせば理解できる

天水田と潅漑水田のボウフラと天敵を北スラウェシで調べたことがある。トンダノ湖周辺には周りの丘から流入する小川を利用した水田がある。川の水は乾季には涸(か)れるか減って潅漑できないが、湧水による小規模潅漑がある谷もある。谷ごとに天水田と潅漑水田が分かれているので比較しやすい。水がある水田を比較すると、ひしゃく当たりのボウフラは天水田のほうが多かった。

表8　インドネシアの農業気候区とその分布。気候区の下の月数は雨季の長さ。<1は1％以下。Whittenほか, 1988, Ecology of Sulawesi, pp.777, Gadjah Mada Univ. Press, Yogyakartaによる。

地域	気候区A	気候区B	気候区C	気候区D	気候区E
	10ヵ月以上	7〜9ヵ月	5〜6ヵ月	3〜4ヵ月	2ヵ月以下
カリマンタン	43	32	15	4	6
ジャワ	4	23	39	25	9
スラウェシ	1	25	25	22	27
小スンダ・バリ	<1	<1	3	69	26
マルク	5	11	40	12	20
イリアンジャヤ	48	23	17	8	4

天水田には、灌漑水田に多い魚がほとんどおらず、繁殖に水草が必要なイトトンボのヤゴも少なかった。天敵が少ないからボウフラの生存率が高くなったのだろう。水域の広狭と蚊の数は必ずしも比例しない。

乾季の天水田から蚊は発生しないだろうか。雨季と乾季といっても実態は複雑である。スラウェシでは、乾季が二ヵ月足らずの地域から半年以上続く地域まで、五つの農業気候区がある。スラウェシの複雑な地形とボルネオの高山などが気流に影響するため、気候区の分布は複雑で、ビラがある南西半島の基部に近い地域だと、東海岸から西海岸に至る一〇〇キロほどの間に三気候区がある。雨量の年変動も大きい。ビラでは、少雨年だと一五〇〇ミリだが、多雨年には三〇〇〇ミリに達し、乾季の雨量が増えることもある。

雨季にできた水たまりが残る乾季の初めは、雨による流失もなく、蚊の発生に最適である。日本だと梅雨明けの水田にあたる。乾季が長びくと水たまりは減るが、インドネシアの多くの地域では乾季にもたまに雨が降る。乾いた水田の割れ目に雨水がたまると、すぐに蚊が産卵する。放浪者としての水田の蚊の本領発揮である（3章）。天敵のいない小さな水たまりは、ボウフラにとって絶好の棲み場所である。短い乾燥期は、蚊の発生に適した条件をつくり出すこともある。天水田地域では乾季に蚊が減るとも一概にはいえない。

村人による蚊の被害判定には、人家内外の容器や溝から発生する蚊もかかわる。これらの水域の蚊にとっての適不適も、雨と乾燥の組み合わせしだいで、一概に結論は出せない。

アンケートの結果は実は意外ではなかった。「灌漑があれば蚊が増える」、「乾季には蚊が減る」という先入観が間違っていた。灌漑水田村で蚊の被害が少ないことも、天水田村で乾季に蚊の被害が多いことも、ありうることなのだ。条件しだいで、雨も干ばつも、蚊発生の促進要因と抑制要因、どちらにもなる。

管理できないことが危険

蚊対策にとって灌漑施設は大きな武器になる。水管理を可能にするからだ。水が豊富で管理できれば、緊急事には一時的な落水（乾燥）や放水（洗い流し）ができる。天水田がいったん蚊の発生に適した条件になると、お手上げである。灌漑開発と蚊対策は、本来は両立できる関

係にある。灌漑初期の水田は移行期である。ひと口にいうと

天水田――水量は自然条件によって大きく変わり、管理できない

灌漑初期水田――水が豊かで管理できない

灌漑水田――水が豊かで管理できる

となる。灌漑初期の水田は、水はあるが管理が難しく、蚊が発生する危険性が高い。媒介蚊がいても病気が発生するとは限らないが、灌漑初期は要注意期である。移行期の短縮は、稲作のためだけでなく、蚊対策にも望ましい。

管理できない水たまりは、水路や道路が流れを妨げることによっても生じる。ビラで観察したのは小規模な例だが、線的構造物による水たまりの増加は大規模にも起こる。バングラデシュでは鉄道や車道、インドでは運河、ブラジルでは高速道路が水の動きを妨げ、湿地がたくさんできた。いずれの場合も、マラリア蚊の発生を助長し、マラリアが流行した。生活に便利な交通路や水路の近くに人が集まることも、流行を助長する要因である。建設後は改造が難しい。

6章　森林を開いて水田を広げる —— 中央スラウェシ

水路の増設による水田拡大も効率良い開発である。本章では、森林伐採地に水路を延ばして新水田をつくる計画のなりゆきを、蚊の発生環境として見る。

中央スラウェシの新興水田地帯

中央スラウェシ州東部の半島は、陸の孤島といえるほど、交通の便が悪い。その南岸、バンガイ県バトイ郡に属するトイリ村周辺が調査地であった。州都パルからバンガイ県都ルウックまで、初めは小型飛行機を利用した。スハルト政権崩壊後は空路が廃止されたので、車を借り上げていくことになった。ルウックまで六〇〇キロ余り、ハイウェイなら数時間だが、悪路なので、パルを早朝に出て夜遅く着く。回り道がない海岸沿いの道は、崖崩れや洪水や橋の落下などでしばしば不通になるので、着くまで心配が絶えず、帰りも心配である。

ルウックの飛行場から市街地に向かう車窓から、コタ・アイル（水の町）という文字が目についた。Ａｉｒ（水）とＡｍａｎ（平和）、Ｉｎｄａｈ（美）、Ｒａｐｉｈ（秩序）の頭文字をか

写真19　切り株が残る水田。

けた町の標語である。山々が連なる中央スラウェシ州に広大な平野はないが、清流は多く、それらを利用する水田開発計画も多い。

バトイ郡の水田開発は一九八〇年代初期に始まり、九〇年代後半には、数本の河川に建設された取水堰によって、約一五〇〇〇ヘクタールが潅漑されていた。ルウックからバトイ郡に入ると、道沿いに点々と水田地帯がある。水田には黒焦げの巨木の切り株が目立つ。南スラウェシでは見ない風景で、新興水田地帯であることを感じさせる。九〇年代末にも、新水田造成計画がいくつも進んでいた。

モイロンとトポ

トイリ村は、バトイ郡で最も古い入植地の一つで、一九七〇年代から開けてきた。とはいえ、私たちが初めて訪れた九六年には宿泊所もなく、民家に泊めてもらった。翌年に簡易宿泊所ができ、生活は楽になった。それでも、一九九八年に初めてきた日本の研究者は、「こんな所に泊まるのかとショックを受けた」と後に明かしたので、居心地良いと思っていた私は驚いた。

二カ所の調査地モイロンとトポでは一九九六年に森林が伐採された。インドネシアの開発では、直径四〇センチ以上の樹木を含む森林をヘビーフォレスト、四〇センチ以下の樹木からなる森林をライトフォレストとする。高木を含む熱帯雨林と若い二次林と考えてよい。伐採前、モイロンはヘビーフォレスト、トポは一部に湿地林を含むライトフォレストと草地であった。計画では、近くを通る既設の基幹水路から取水する水路をつくり、翌九七年から稲を植えることになっていた。

モイロンの伐採地には、入植者による新しい村と水田ができる計画で、入植者と彼らが所有する水田予定地も決まっていた。近くの村から、主に結婚した移民二世が独立して入植する。トポの伐採地には水田だけが造成され、農民が通って耕作する計画だと聞いた。

モイロンの新村でリーダーとなるスニョートは六二歳というが、背筋を伸ばし大またに歩く姿は年齢を感じさせなかった。ある日、「夜眠れないのでウィスキーを持たないか」という。たまたま仲間に飲兵衛がいて、ジョニ黒が四分の一ほど残っていた。飲みなれない人が一気飲みして具合を悪くすると困るから、二倍に薄めて提供した。水割りをつくるサービスをしてあげたと思えば気もとがめない。翌朝、心配しながら「どう?」と聞くと、「うまかった、空けてしまった」とけろっとしていた。

伐採地の水たまり

一九九六年九月、伐採後二ヵ月の荒地に立った。モイロンは七〇ヘクタール、トポは一三〇ヘクタール、周囲では伐採が続いている。伐採木や切り株の多くは処分されていたが、モイロンでは、胸高直径一メートルに近い巨木が何本もころがっていた。未整地なので、凹凸が激しいうえに軟らかく、ぬかるみも多い。小さな伐採木や打ち払われた枝もごろごろしていた。

私たちは、ここでも、全域を踏査してすべての水たまりを記録した。しばらく雨が続いた後だったので、水たまりは多く、モイロンでは七〇〇、トポでは一三〇〇が記録された。面積一平方メートル前後の小さな水たまりが多く、四平方メートル以下の水たまりが九〇%以上を占めた。伐採や伐採木

写真 20 伐採地と水たまり。(a) モイロン。(b) トポ。いずれも背景に森林。

処理をしたショベルカーやトラクターのキャタピラー跡、トラックのタイヤ跡にできた水たまりが多かった。二〇〇平方メートル以上の水たまりは一％以下であった。モイロンで最大の水たまりは五〇〇平方メートル、伐採地の小川に伐採木を投棄したため水があふれていた。トポでの最大は四〇〇〇平方メートル、もともと湿地だった所にあった。

湿地であった場所を除き、伐採地の水たまりに草はなく、完全に日にさらされる。森にはなかった新しい型の水たまりである。比較のために周辺の森でも蚊を調べた。森には、大きな木がある所にしかいないサイチョウが多かった。

すぐに棲みつく蚊と天敵

伐採地の水たまりのボウフラは、日陰の水たまりを好む森の種ではなく、水田に発生する種だった。マラリアを媒介できるハマダラカや日本脳炎を媒介できるイエカが優勢であった。水田の蚊は飛ぶ力の強い放浪者である（3章）。伐採地の水たまりを直ちに見つけて産卵したのだ。環境が変わるやいなや、森の蚊と水田の蚊は、混生せずに入れ代わった。

伐採地の水たまりに魚はいない。しかし飛翔力のある捕食性昆虫は棲みついていた。トンボのヤゴ、アメンボ、マツモムシ、ゲンゴロウ、ガムシなど、水田の主な捕食者がそろっていた。しかし、水草に産卵するイトトンボのヤゴはいなかった。マツモムシの多さには目をみはった。初

写真 21　水たまりのマツモムシ。

めて見る大群だった。

水草がない真新しい水たまりに、ボウフラの隠れ場所はない。マツモムシがいるとボウフラはいない。ボウフラがいるのはマツモムシがいない水たまりだった。水表と水底の間に浮いて動き回るマツモムシには、ある程度の深さが必要だ。理由は分からないが、ごく小さな水たまりにもいなかった。他の場所の調査でも確認された。魚がいないできたての水たまりで、マツモムシが蚊の発生を抑える大きな力になっている。単純なことだが新しい発見だった。調査の苦労を忘れるときである。

その後の経過 — モイロン

一九九七年　予定では水田ができるはずだったが、既設水路から伐採地内へ延びる水路の一部が

写真 22　潅漑のない伐採地の稲。手前では枯れかけ，背後の稲も収穫できそうもない。

掘られただけで、中断していた。伐採地の大部分は、裸地あるいは草や小潅木がまばらに生える荒地であった。地面の凸凹が風雨でならされ、小さな水たまりができやすい場所は、伐採直後より減った。所有予定地に稲やインゲンマメやキャッサバを植えている農民もいた。この年はエルニーニョの影響で干ばつだった。潅漑がないので、稲が育っていたのは雨水やあふれた水がたまりやすいくぼ地だけで、枯れた苗が多かった。

一九九八年　水路の掘削は少し進んだだけで中断していた。草や潅木が茂って裸地が減り、小さな水たまりは更に減った。この年は前年とは対照的に雨が続き、低地に大きな水たまりができた。稲を植えた面積は減り、インゲンマメやキャッサバの畑は増えた。

一九九九年　水田造成計画がアブラヤシのプランテーション計画に変更されていた。伐採地の一部にアブラヤシが植えられたが、畑は減り、放置された場所が広がった。成長の早い木は三メートル以上に育ち、草木が密生する荒地になってしまった。その結果、水たまりができやすい裸地はほぼ消滅した。新たな伐採で伐採地は広がり、更に伐採が続いていた。新たな伐採地の一部は速やかに整地され、アブラヤシの苗が植えられていた。整地が遅れている裸地には水たまりができ、一九九六年と同じく、ボウフラと多数のマツモムシがいた。

その後の経過ートポ一九九七年　トポの伐採地の横には既設の三次水路が通る。しかし上流の水門が壊れて水がこないため、雨水たまりになり、伐採地内への水路延長工事も始まっていなかった。

伐採地の大部分は放置され、乾燥した場所は裸地に近い状態のままだったが、湿った場所には草が茂り、たくさんの人が飼料用の草刈りにきていた。草刈り跡には、

写真 23　3年目の伐採地。(a) モイロン。道を除いて繁茂する潅木や草。(b) トポ。潅木や雑草を再除去して水田を造成。湿地だった場所なので水がある。

水田の蚊が好む、日当たりの良い富栄養な水たまりが多数できた。

一部の場所は水田にされた。水は近くの川からポンプでくみ上げ、新たに掘った小水路で水田に導く。公共の潅漑計画とは別の自主潅漑であった。有料で借りたポンプで田植えのときだけ水を入れるが、もと湿地だった場所では稲がよく育っていた。

一九九八年 自主潅漑による水田は更に拡大した。

一九九九年 水田は更に拡大した。伐採後に生えた潅木をトラクターでなぎたおし、整地して畦（あぜ）や水路を造成中の場所もあった。これも公共事業ではなく、土地所有者による個人的事業であった。

計画が遅滞すると危険が増す

中央スラウェシで突発した宗教抗争のため、二〇〇〇年以降は調査できなかった。四年間の経過を蚊対策の点から見る。

伐採直後の裸地には、モイロンとトポで、同じような水たまりができた。計画が予定どおり進めば、その後も似た経過をたどっただろう。水田ができれば、蚊の発生状況を予測し、水管理による対策もできる。

ところが、モイロンでもトポでも計画は滞った。計画が遅滞すると、立地条件や人為的条件によって、異なる経過をたどる。しかも状況は常に変わっていくので、予測は難しい。どのような状況であれ、管理できないことは共通である。放置された荒地はいうまでもなく、建設途中の施設や水田も管理できない。計画が滞るほど、管理できない期間が長引く。

熱帯の気温は、高地以外は、いつも蚊の発生に適している。雨の降り方しだいで、いつでも、どこでも、蚊の発生に適した条件が生じる。いつも飛び回っている水田の蚊は、そのような場所を見逃さない（3章）。気がつかない間に身近でボウフラが育ち、突然、蚊の大群に襲われるかもしれない。そんな場合は、予測していなかっただけ対応が難しい。開発計画進行中で社会基盤も整備途上だと、対応は更に難しいだろう。

突発的現象を科学的に分析し記録に残すことは容易でない。ダム湖での蚊の大発生（3章）が詳細に記録されたのは、たまたま近くに蚊の研究者がいたからである。開発途上では、記録に残された以上に多くの媒介病の流行があったのではないだろうか。その直接の原因は、気象条件や免疫のない人の流入だったかもしれないが、直接要因が働く場を準備したのは、開発計画の遅滞だったかもしれない。

本章の結論も前章と同じである。着手された計画を速やかに進め管理できる水田にすることは、稲作のためだけでなく、蚊対策としても望ましい。

7章　新しい村と水田をつくる――セラム

移民と媒介病

インドネシアでの移民を伴う開拓の歴史は、オランダ統治下の一九世紀にさかのぼる。移住にとってマラリアは大きな障害だった。最も詳細な記録が残っているのは、ジャワ島のチヘア灌漑計画である。比較的乾燥した地域に取水堰と灌漑施設を建設し、移民による稲作をする計画であった。一八五四年の最初の計画から、たびたびの中断や計画見直しなどの曲折を経て、一九〇四年に三一七キロの水路と付随施設が完成し、五〇〇〇ヘクタールが灌漑可能になった。移民による稲作が始まったが、生産高は数年後に急減した。マラリアのためだった。灌漑中の水田よりも、管理不十分な休閑田や水路が大きな問題であった。対策として一九一二年に稲作の規制が提案され、全水田のサトウキビ畑への転換も検討されたが、農民が同意しなかった。一九一五年ころから放棄水田が急増した。一九一九年には、マラリアの指標とされる肥大肝の症状をもつ人が九〇%、放棄水田も二〇〇〇ヘクタールに達した。放棄水田が増えて蚊が増え、更に放棄水田が増えるという悪循環に陥ったのだろう。ここまで至っては規制せざるをえず、一九一九年、「稲栽培と水に関する規則」が制定された。骨子は、田植え時期をそろえる、収穫後は完全に排水し水路を清掃するという単純なものだったが、効果は大きかった。マラリアは減り、稲の生産は回復した。

独立後も移民政策は継続された。一九七九年に始まった第三次五ヵ年開発計画から規模が拡大し、五〇万以上の家族が、人口密度が高いジャワやバリから周辺の島々に移住した。その後も同規模の移住が続いている。

入植地ではマラリアとフィラリア症が大きな問題とされるが、情報は乏し

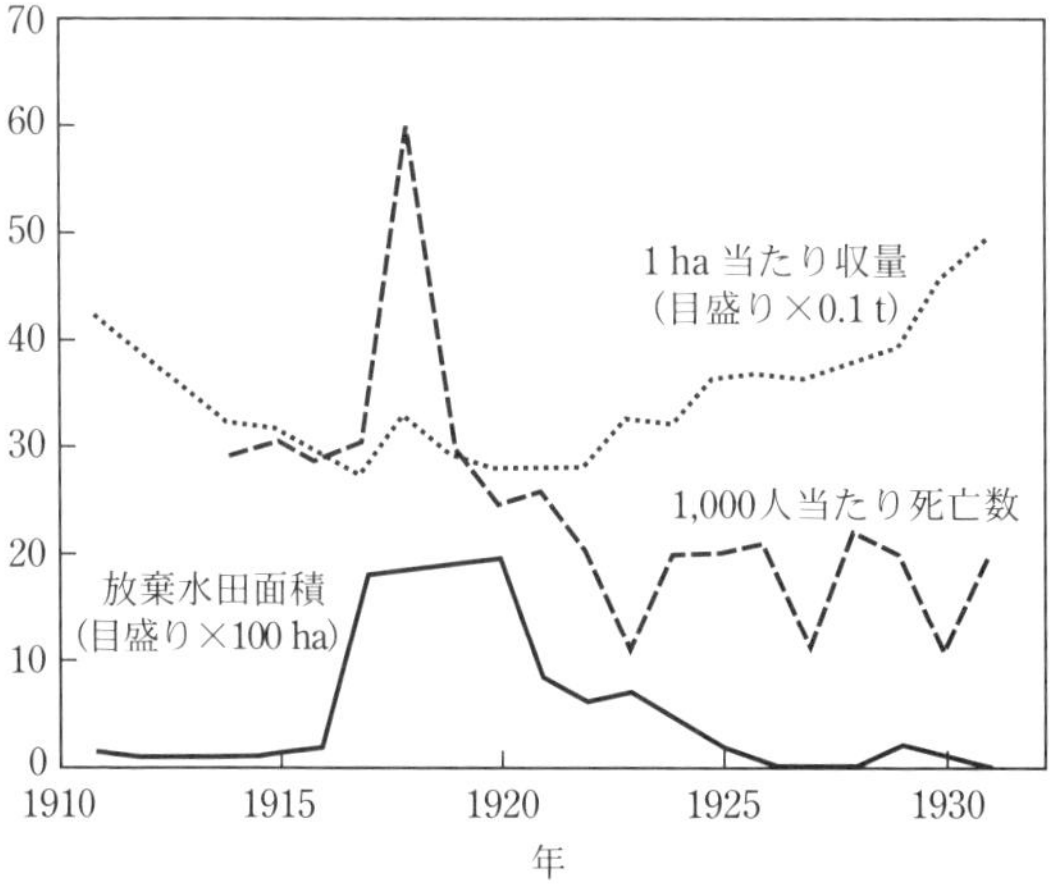

図8　ジャワのチヘア潅漑計画での稲作とマラリア。Takkenほか, 1990, Environmental measures for malaria control in Indonesia-An historical review on species sanitation, pp.167, Wageningen Agric. Univ. Papers 90-7, Wageningen Agric. Univ., The Netherlandによる。

い。しかし、全地域に共通な傾向はないようだ。マラリアに関しては、比較的近接した地域でも感染率の違いが大きい。流行は入植後二～三年でピークに達した後に減るという傾向が指摘される一方で、一〇年以上たってから初めて大きな流行が起こったこともある。私たちは、蚊の発生環境としての移民村の状況を知るため、セラム島で調査をした。

セラム灌漑計画

マルク州はスラウェシとイリアンジャヤの間に点在する島々からなる。ほぼ中央に位置する州都アンボンは、一七世紀から、オランダによる香料交易の拠点として開けてきた。しかし、他の島々はインドネシアの後進地域である。

マルクでの灌漑水田開発は一九九〇年代に始まった。開発適地はマルク州全体で約五万ヘクタール、そのうち三万ヘクタールがセラムにある。セラムの水田開発計画は、平地が最も広い北東部に集中している。入植は一九八二年に始まり、年に一～三村がつくられてきた。私たちが訪れた一九九〇年代後半には約三〇の村があった。村と村の間には全く人家がない。入植年が違う村を比較すれば、入植後の経過に伴う変化を目の前に見ることができる。

いずれの地域でも川に堰を新設して取水し、全体で一八〇〇〇ヘクタールを灌漑する計画である。一九九〇年代に灌漑計画が始まったとき、一九八二年に入植した最も古い移民村コビでも、領域五八〇〇ヘクタールの六〇％は森林であった。耕地は五三〇ヘクタール、そのうち四三〇が畑、一五〇が天水田、五〇ヘクタールが川に近い自主潅漑水田だった。計画では、ここに二九〇〇ヘクタールの潅漑水田ができる。

コビ村へ

アンボンからセラム北東部への交通は不便で、地図上の距離よりはるかに遠い。初年度は同行した州潅漑局の人が選んだ行路に従い、早朝五時にアンボンを出発、バス－フェリー－バス－モーターボートを乗り継いで、郡庁のあるセラム北岸の小村ワハイに日暮れ時に着いた。フェリーでは漢字表示に驚かされた。瀬戸内海航路で活躍した船が老後をセラムで過ごしていた。

セラムでは、崖崩れや道路陥没や橋の流失などによる通行止めは日常茶飯事である。対応も手慣れている。なんとか歩いて通れば乗り換えの車がきている。荷物を運ぶ人も集まってくる。小さな川には丸木橋をかけ、大きな川は筏で車を渡す。もちろん通行料を取られる。現場の人には現金を得る機会である。困るのは、アンボンでも正確な情報が得られないこと。情報が引き継がれていくうちに尾ひれがつき、「不通部を歩いて渡ろうとした人が道に迷い、三日間ジャングルをさまよった」というような話になる。始めは惑わされたが、すぐに慣れた。「いける所までいき、そこで考えよう」で、たいてい、なんとかなる。

写真 24　集会所で子供にワクチン接種。

ワハイで一泊、翌朝、車を雇い、二時間でセラム潅漑計画の中心地コビ村に着く。ワハイ－コビに車道ができたのは潅漑計画開始後で、以前は、アンボンからコビに近い船着き場まで三日の船旅だった。桟橋もなく、はしけで上陸したという。今は桟橋もでき、フェリーも接岸する。移民村の多くはコビから更に東にある。歩いたほうが車より速いと思うほどだった悪路も、私たちが通った三年間に随分よくなった。

私たちは、村はずれにある公共事業省の宿舎に滞在した。平屋建ての宿舎は老朽化が目立ち、床のコンクリートもひび割れている。夕方から深夜まで自家発電で灯りがつき、電動ポンプで井戸から水をくみ上げる。干ばつの一九九七年にはこの井戸が涸れ、管理人が新しい井戸を掘り、泥水をバケツで水槽に運んでくれた。寝室の窓の金網は穴だらけで、さわるとぼろぼろ欠けた。コビでの最初の仕事は、紙で窓をふさぐことだった。

コビの診療所には、一名の若い医師と数名の技士、看護士、助産士がいる。卒業後のへき地勤務は医師の義務である。発熱などの症状だけによる診断だが、マラリアが多い。伐採などの出稼ぎの際に感染し、村へ持ち込むという。

湿潤地域の新水田―すぐに棲みつく蚊と捕食虫

一九九六年、コビと隣村のサマールで、初めて潅漑による稲がつくられた。最初の調査は同年の二回目の田植えのころだった。耕運機はまだなく、耕作は牛が引く鋤（すき）と人が使う鍬（くわ）による。入植から一〇年以上、稲作の始まりは待ちに待ったときであろう。膝まで泥につかりながら牛を追う農夫の弾んだかけ声に、これからへの期待が感じられた。

田植え前後は蚊の種類も数も多い。私たちは苗代、田植え前の耕起田、それに田植え後の水田で、蚊と天敵を調べた。スラウェシと違い、近くに潅漑水田はない。新しい環境である潅漑水田にはどのような水生生物がいるのだろうか。採集用のひしゃくでの最初の一すくいをのぞき込むときは、新しい発見を期待して、心ときめく瞬間である。

ところが、採集されたのは意外なくらいおなじみの仲間だった。ボウフラはハマダラカとイエカが多い。いずれも水田の蚊として知られている種であった。トンボやイトトンボのヤゴ、マツモムシ、ゲンゴロウ、ガムシなど、捕食虫の常連もそろっていた。数も東南アジアの古い水田に劣らない。ここでもマツモムシの多さが目立った。対照的に魚はごく一部の水田でだけ確認された。

潅漑計画地域の年間雨量は二〜三〇〇〇ミリ、雨が少ない季節はあるが、明瞭な乾季はない。東南アジアの多くの地域は雨に恵まれ、雨林が自然植生である。水田がなくても水たまりはあり、蚊を含む水田予備軍の水生昆虫がいる。水田ができれば蚊や捕食虫がすぐに移り棲み、古い水田と基本的に同じ水生昆虫群集が形成される。

セラムの新水田では魚が少なかった。セラムでは淡水魚の種が少なく、ボウフラの天敵として有効なメダカ類は記録がない。魚は昆虫より増えるまで時間もかかる。新水田で魚が増えるまでの期間は生態的移行期とみなせるが、マツモムシなどが多いから、ボウフラに対する捕食者全体の働きは低下しないであろう。淡水魚相が豊かな東南アジア大陸部や大きな島では、移行期はより短く不明瞭であろう。多雨気候地域では、新水田といって

写真 25　セラムの水田開発地。(a) 新水田。2回目の田植えを準備中。(b) 水路と道路の建設でできた水たまり。

写真 26　入植直前の移民村。

も、もともとある湿地や水たまりの拡大あるいは置き換えとみなせる。

新潅漑に付随する管理できない水たまりの増加は、南スラウェシのビラ（5章）と同じであった。水田や末端水路があふれてできた水たまり、新設の道路や基幹水路沿いには、掘り起こしや流れが妨げられたことによる水たまりが、至る所にあった。危険の源は、生態的移行期より人為的移行期である。

移民村

移民村には、ペンキで白く塗られた木造の平屋が、規則正しく碁盤目に並んでいた。一軒の敷地は〇・五ヘクタール（五〇×一〇〇メートル）、農地が造成されると、更に一・五ヘクタールの水田や畑を所有できる。一村は五〇〇戸ほどである。地域によって家の規格や土地の面積が異なることもあるが、基本は同じである。

炊事や洗濯、行水や植物への散水などに使われる水は、二軒に一個ある井戸から得る。両家の境界線上に掘られた井戸は浅く、水はたいてい濁っている。生活排水は、幅五〇センチで深さ二〇センチほどの溝に放出される。この溝は、家の前（道路脇）のより大きな溝につながる。村内の溝はつながっているが、流れるようにはつくられていない。溝は生活排水と雨水の混じったたまり水である。電気はなく、夜はランプを使う。

写真 27　移民村で生活が始まる。(a) 家の敷地に植えた稲とココヤシとキャッサバ。家と便所も見える。(b) 同じくバナナ，トウガラシ，タロイモ，ミョウガ。(c) 便所。便層を覆う板に土を盛ってすき間をふさぎ，パイプでガス抜き。周囲はピーナツ。(d) 2軒に1つある井戸。バケツでくみ上げる。空き袋で囲った行水場。

一軒ごとに裏庭に便所がある。一×一平方メートルほどの板囲いの中にコンクリート製の便器があり、水を入れたバケツなどがおいてある。排泄物は、ビニールパイプを通って、囲いの後ろに掘った穴に落ちる。上に板がおいてあるだけで、密閉されてない穴が多かった。

灌漑施設が完成し水田をもてるのは、早くても数年後である。政府の生活費支給は一年間だけだから、伐採、灌漑や道路の工事、大工などの仕事で現金を得る。現金収入源となるピーナツを敷地内に栽培する人も多い。敷地内のキャッサバ、タロイモ、トウモロコシ、インゲンマメ、トウガラシなどは、自家で食べる。稲を植えている人もいるが、灌漑がないから育ちが悪く、収穫できそうには見えない。大きな伐採木や切り株が残る家の周りを整地する人たちを見ると、生活の厳しさに耐えられずに去っていく人の気持ちも分かる。

村にはすぐ蚊が棲みつく

新しい村に、人と一緒に蚊も棲みつくのだろうか。答えはすぐに得られた。入植後一年以内の村の真新しい役場で話を始めると、すぐに蚊が飛んできた。あわてて網を取り出して採集すると、役場の人は、「蚊ならたくさんいる」と、横にある書類棚の後ろを指さした。一〇センチほどの壁とのすき間を懐中電灯で照らすと、びっしり蚊がとまっていた。ネッタイイエカであった。人と一緒に分布を広げる蚊で、人家近くにしかいない。最も近い村から三～四キロあるのに、早

写真 28 (a) 排水溝。(b) プラスチックの代用ドラム缶。ブリキ板で集水。

くも棲みついていた。蚊帳なしでは寝られないというのは当然だった。

発生場所は、どの家にもある便所だった。便がたまる穴をのぞくと、ボウフラや蛹が水面を埋め尽くしていた。排泄後の洗い水で、排泄物は薄まる。雨水が入ると更に薄まり、ネッタイイエカに適した富栄養な水たまりになる。あまり人気(にんき)がないのか、最近は使われた形跡のない便所もある。使用頻度が低いと、ネッタイイエカの好む水たまりになりやすい。

対策は簡単だ。穴をふさげばよい。実際に、板の上に土をかけ、ビニールパイプを突き立ててガス抜きをしている穴もあった。少数だが、雨水が入らないT字型ガス抜き、更に横パイプの先端を下に向けたガス抜きも使われていた。むき出しの穴を好まない人がつくったのだが、それらを標準装備にすれば、蚊の発生を防げる。便所から発生するハエ対策にもなる。

溝のたまり水には、イエカとハマダラカのボウフラが多かった。水が比較的きれいだと水田と共通のイエカやハマダラカ、有機物が多く汚いとネッタイイエカがいた。溝には魚はいない。水が汚いと捕食虫も少ないから、ボウフラが増える。井戸にもボウフラがいることがあるが、普通、数は少ない。

軒下には、ドラム缶大のプラスチック容器がおかれている。雨水ためとして一戸に一個ずつ支給される。ふたは載せるだけなので、蚊が入れるすき間ができやすい。ネッタイシマカやヒトスジシマカの絶好の発生場所に見えたが、ボウフラは確認できなかった。木がない村内にはヤブカも棲みつけないのだろうと思ったが、念のため村内においたヤブカに産卵させるためのトラップには、卵があった。森に近い周辺部の家で多かった。持ち帰った卵から育ったのは森林性のシマカ二種だった。その一つ、スクテラリスシマカはデング熱媒介能がある。

できたばかりの移民村では、便所の穴、溝、井戸、そしてプラスチック製ドラム缶が蚊の発生場所になる。入植当初から病原体媒介能をもつ蚊が棲みついていた。

村の変遷と蚊

水田に囲まれ、バナナやココヤシやパパイアが実る農村、東南アジアのどこにでもある風景だ。それは人造の風景であることが、移民村を見るとよく分かる。入植直後の村には水田も樹木もない。

赤茶けた荒地に白い家が並ぶだけである。何年たてば、見慣れた農村風景ができ上がるのだろうか。

入植一年目ではバナナだけが目立った。バナナは草なので速やかに伸びる。三～五年たつと、生垣の木やワタノキが成長して、村内の緑が増えたが、ココヤシは目立たなかった。ココヤシは三～四年の間、幹を太くして葉を大きくするが、丈は伸びない。幹が伸び始めても、年に五〇センチほどといわれている。ココヤシの高さは村の古さを示す良い指標になった。高く伸びたココヤシが木陰をつくっているのは、一〇年以上経過した村だった。水田稲作が始まった最も古い村コビの一部は、インドネシアで見慣れた農村の風景になった。この頃になると家の増設や建て替えも始まり、移民村の面影が薄れてくる。入植時の井戸や便所の多くは放棄され、別の場所に新設されていた。しかしコビでも自家発電で点灯するのは夜だけで、普及率も六〇％だった。生活様式に大きな変化はなく、吸血されやすさや蚊対策での大きな変化もなかった。

蚊の発生環境は変わっただろうか。ネッタイイエカの発生源として便所が重要なのは、入植当初だけだった。使われずに乾燥してしまった便所、逆に便が堆積してしまった便所がすぐに増え、いずれもネッタイイエカの発生に適さなくなった。

生活排水が入る溝は一貫してイエカやハマダラカの重要な発生場所だった。生活の確立に伴い、イエカやハマダラカが発生する水たまりは増える傾向があった。敷地内の畑が増えると、畝の間に雨水がたまる。ごみ捨てに掘られた穴などにも雨水がたまる。

灌漑水路は溝の浄化に役立つこともあるが（5章）、コビやサマールの灌漑水路は人家沿いにつくられず、生活排水処理に役立っていなかった。山手の傾斜地にある入植後一〇年を経た村の一つでは、道路脇（家の前）の溝に湧水が導入されていた。その結果、溝には常に清水が流れ、ボウフラは全く発生していなかった。村人による自主的な仕事の見事な成功例である。

ドラム缶は古い村で増えこそすれ、減ることはなかった。干ばつには多くの井戸が涸れ

写真 29　村の景観の変遷。入植後（a）1年目，（b）5年目，（c）10年目，（d）15年目の村。1年目の村で樹のように見えるのはバナナ，5年目の村で高く伸びているのはバナナとワタノキ。10, 15年ではココヤシが成長している。

る。エルニーニョの一九九七年には、少数の井戸に残った泥水をこして使っていた。雨水をためることは欠かせない。

人家周辺に捨てられた容器は、入植三年後でもほとんどなかったが、五年、一〇年と村が古くなるに伴い、種類と数が増えた。ココナツやカカオが実るようになると、それらの殻も捨てられ、雨水がたまる。便所や水浴び場が整備されると、コンクリートの水槽が設置される。いずれもヤブカの発生場所になるが、実際に発生していたのは主にイエカだった。デング熱を媒介するネッタイシマカとヒトスジシマカは、古い移民村でも発見できなかった。七〇キロほど離れた郡庁のあるワハイでは二種とも見つかった。古い町や村で最も身近なシマカ二種の移民村への棲みつきは、ネッタイイエカとは対照的に、意外に難しいようだ。理由は不明だが、媒介病対策上は良いことだ。

古い村のバナナやタロイモやパイナップルなど、生きた植物の葉の付け根にたまった雨水には、ヤブカやカギカが発生していた。村内の植物の増加に伴い、周囲の森から移住してきた種である。蚊全体を見ると古い村では多様になった。

多様性と変化

私たちはインドネシア各地で移民村を見てきた。どの移民村も一見すると似ている。しかし、入植者の生活にかかわる立地条件は多様だった。

最も重要な条件の一つは水であろう。セラム潅漑計画地でも、水不足のため放棄された村があった。入植直後から私たちが訪れ始めた村でも、三年たつと、生活が確立されてくる一方で、放棄された空き家も目についた。空き家はかたまっている傾向があった。村内でも条件に良し悪しがあるのだろう。水の条件は蚊の発生にも直結する。

南スラウェシ州北部のマムジュ県にはマラリアやフィラリア症が多い。ここでは、ハサヌディン大学医学部寄生虫学研究室の人たちが調査をしている。新しい移民村の一つカダイラにいって驚いた。湿地の上に村がつくられたので、どこを歩いてもクッションの上のようにふわふわだ。しっかりしているのは、河原から運んだ砂利と盛土でつくられた車道だけである。井戸水も道路脇の溝の水も黒く、強い酸性で、ボウフラもいなかった。皮肉なことだが、蚊が発生するのは良い水がある証拠ともいえる。飲料水は、村に一つある深い井戸から電動ポンプでくみ上げる。主婦や娘たちがポリタンクに分けてもらって、運んでいた。

意外なことに、媒介蚊が発生しないこの村に、古い村よりマラリアが多い。媒介蚊は村外から飛来するはずだ。村周辺で重要な発生場所の一つは、河原のくぼみの雨水たまりだった。村内にないきれいな水に、ハマダラカのボウフラが多かった。車道造成のために砂利を採取した跡も水たまりになっていた。

中央の役所の統計では、カダイラ村のマラリアは陽性率のような一つの数値でしかない。しかし、一〇〇の村についての一〇〇の数値は、一〇〇の異なる実態を示している。同じ数値でも、その実態は全く異なっているかもしれない。しかも、セラムの移民村で見たように、蚊発生にかかわる条件は二〜三年でも変わる。媒介病という観点から見た移民村の特徴は、「多様性と変化」である。

移民村の多様性と変化を念頭におけば、媒介病の流行に定まった傾向がないことも理解できる。入植直後から媒介蚊はいる。入植者の中に病原体保有者がいれば、流行が始まる可能性がある。慣れない土地での厳しい生活、多数の免疫のない入植者、そのうえに未整備の医療体制、こうした条件が重なれば大きな流行になるかもしれない。病原体保有者がいなければ、媒介蚊が多くても流行はない。しかし安心はできない。年がたっても蚊は減らない。灌漑施設建設や稲作が始まれば更に増えるかもしれない。出稼ぎから帰った村人や訪問者が病原体を持ち込むと、入植後何年もたってから、大きな流行が起こるかもしれない。

移民を伴う開発地での媒介病対策には、多様性と変化に対応できる柔軟性が求められる。一律の対策では効果が限られるだけでなく、無駄も多くなる。第一に必要なのは、現場を見ることであり、現場で事実を正しく把握できる人材である。

8章　乾燥地にダムと水田をつくる ― 西チモール

サバンナ気候のチモール

チモールの名は、東チモールの独立問題からよく知られるようになった。同じチモール島でも、西チモールはインドネシアに属する。

インドネシアの植生図や気候図では、高地を除くほぼ全域が熱帯雨林（気候）として描かれる。例外はバリからチモールに至る小スンダ列島で、モンスーン林を主体とする熱帯サバンナ気候である。東ヌサテンガラ州は小スンダ列島東部の島々からなり、州都クーパンはチモール島西端にある。その年間総雨量は平均一五〇〇ミリ、総雨量としては少なくはないが、五～一〇月の乾季は全く雨が降らない。

焼畑と牛の放牧によって森はほとんど消滅し、荒地が多い。表土が失われると、島の土台である隆起サンゴ礁がむき出しになる。耕地の大部分は雨に依存する畑で、主食であるトウモロコシやキャッサバ、豆などを栽培する。ごく一部の地域で、湧水や河川水を利用した灌漑稲作がされ

写真 30　取水場で注水する給水車。

ている。稲作農民はジャワやバリなどからの移住者である。

湧水は豊富である。山に降った雨は石灰岩の間をゆっくり流れ、泉となって湧出する。丘陵地の湧水からはクーパンに水道水が送られる。川からの取水を含めても、供給は必要量の三分の一という。多くの家庭では、給水車が湧水から運ぶ水をコンクリート水槽などにためて使う。三立方メートル三五〇〇〇ルピアで、庶民の所得から見ると安くない。二〇〇四年の新聞は渇水による水の値上がりを報じている。

クーパンの診療所でもマラリアと診断される患者は多い。西チモールのどの県でも、診断された病気の中では、呼吸器系感染症に次いでマラリアが多い。ただし、ほとんどは発熱などの症状による診断である。フィラリア症の現状は分からない。

ティロンダム計画

雨季に水をため乾季に使えば、農業生産性は高まる。そのためにダムが計画された。最初に建設されたティロンダムは、クーパンから二〇キロの丘陵地にある。岩を積み上げたロックフィルダムは長さ一六二メートル、ダム湖の満水時面積は一・五平方キロ、有効貯水量一七三二万立方メートルである。水は潅漑と水道に使われる。計画では一五〇〇ヘクタールを潅漑する。このうち三分の二は既存の天水田で、残りが荒地に造成される新水田である。水道用水は、ダムから八キロの湧水地にある水道施設に送られる。ダム建設と平行して、潅漑水路や水道用の送水施設が建設された。

建設は一九九八年末に始まり、ダムは予定

写真 31　ダム建設予定地。わかりにくいが，ダムの位置を示すロープ（矢印の先）が谷の向こう側からこちら側に張られている。ダム湖は右上の方向にできる。

どおり二〇〇一年初めに完工した。五月から貯水が始まったが、実際に水が増え始めたのは雨季に入った年末からで、二〇〇二年初めにダム湖が出現した。二〇〇二年の乾季には水路に水が導入され、漏水の点検と補修が進められた。本格的な潅漑に先立って、水路から取水している畑も少しあった。潅漑がない乾季の畑は、赤土に収穫後の枯れた作物が残っているだけである。その中で、トウモロコシや豆類が茂る一画は別世界で、潅漑の威力が実感できた。二〇〇二年末からの雨季に水は更に増え、二〇〇三年三月にダム湖が初めて満水になった。この雨季から潅漑が可能になり、新水田の造成とそこでの稲栽培が始まった。

観察は工事開始前の一九九八年七月に始まり、二〇〇四年まで続いた。調査地は、ティロン川、建設会社の現場施設、潅漑計画地域の村、ダム湖、新水田と新水路などである。スラウェシ（5、6章）とセラム（7章）に比べて、空間的にも時間的にも、より広い観察を目ざした。ダム建設前から潅漑開始まで、媒介蚊だけでなく天敵も含めた継続観察は世界でも例がない。

建設以前

ダム建設地はティロン川の上流である。ダム湖になるあたりは谷幅が広がり、川は蛇行して流れていた。川から両側の丘の上まではグバンヤシ（インドネシア名ゲワン）の林で、川に近い緩やかな斜面（谷底）に小面積の天水田があった。

乾季には林内も天水田も乾燥して水たまりはなく、蚊の発生場所はティロン川だけであった。乾季に木漏れ日の差す林内を緩やかに流れる浅い川を歩いてさかのぼると、川岸に蚊の発生場所があった。浅瀬では藻が繁茂し、川縁の淀みでは木の根や草が、ボウフラを流れや魚から守る場所をつくっている。そこにはハマダラカやイエカのボウフラがいた。雨季の川は、人も流されるほどの深い濁流になり、ボウフラの棲み場所はない。

乾季には上流の川幅が狭まり、干上がった川床のくぼみに水たまりが残った。これらの水たまりには魚も取り残されるので、ボウフラは棲めない。たまたま魚が入らないと、川にいた種とは違うハマダラカやイエカのボウフラがいた。これらは日の当たる水たまりを好む種で、干上がった川床に掘られた穴で頻繁に発見された。川床を五〇〜一〇〇センチほど掘り下げると、水がしみ出てくる。丘に住む人たちが降りてきて、川で行水や洗濯をし、穴で水をくんでい

写真 32　ダム建設以前の谷での乾季のボウフラ発生水域。(a) 林内の緩やかな流れ。(b) 干上がった川床に掘った穴。

く。使用しないときは埃（ほこり）よけにグバンヤシの葉をかぶせる。水量が減ると新しい穴を掘るので、放置された穴が蚊の発生場所になる。

グッピー

川では、どこでも、グッピーとプンティウス（コイ科の小型魚）が目についた。数はグッピーが圧倒的に多かった。中南米原産のグッピーは世界中で飼われ、東南アジア各地で野生化している。富栄養水に強く、他の魚がいない都市の汚い溝に多い。インドネシアでも市街地の溝に多産し、ネッタイイエカ対策に貢献している。

グッピーは都市の溝の魚という先入観は、一九九七年に訪れたフローレス島で打ち破られた。山地の水田にグッピーの大群がひしめいていた。由来はよく分からない。マラリア蚊対策のためジャワから導入されたという農民もいた。しかしマラリア対策担当者によれば、導入されたのはジャワ産のメダカの一種パンチャクス（インドネシア名ケパラ・ティマー）で、場所も違っていた。西チモールでも、湧水で灌漑される海岸近くの水田にはパンチャクスが多い。マラリア蚊対策のため、一九八三年にジャワから一湧水池に導入し、ここから各地に分けている。ティロン川上流にはグッピーだけがいた。

マラリア対策を目的とした新水田へのパンチャクス導入の可能性と必要性を検討するため、私たちはグッピーとパンチャクスの分布を調べた。クーパン周辺から東チモールに近い東部まで調べてみると、パンチャクスを供給するすべての大きな川と湧水池にいた。パンチャクスを供給する湧水池にもグッピーが多数いた。クーパン市街地の汚い溝にも群れている。いくつかの川の上流ではグッピーだけが生息し、パンチャクスの分布はグッピーより限定されていた。

パンチャクスは更に分布を広げる可能性もある。しかしグッピーもパンチャクスに劣らずボウフラをよく食べるから、グッピーがいればパンチャクスの導入は必要ない。グッピーは、都市の汚い溝から山地の清流まで分布し、適応力で勝るようだ。グッピーも外来魚だが、ここまで分布を広げたら除去できない。有効利用を考えたほうがよい。ダムの水が入る新水田や新水路では、グッピーが蚊対策に活躍するだろう、と私たちは予想した。しかし、後で述べるように、この予想ははずれた。

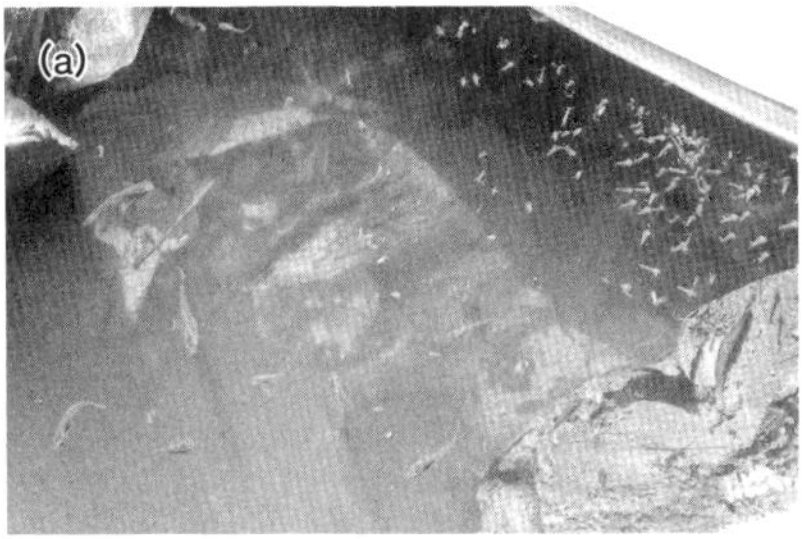

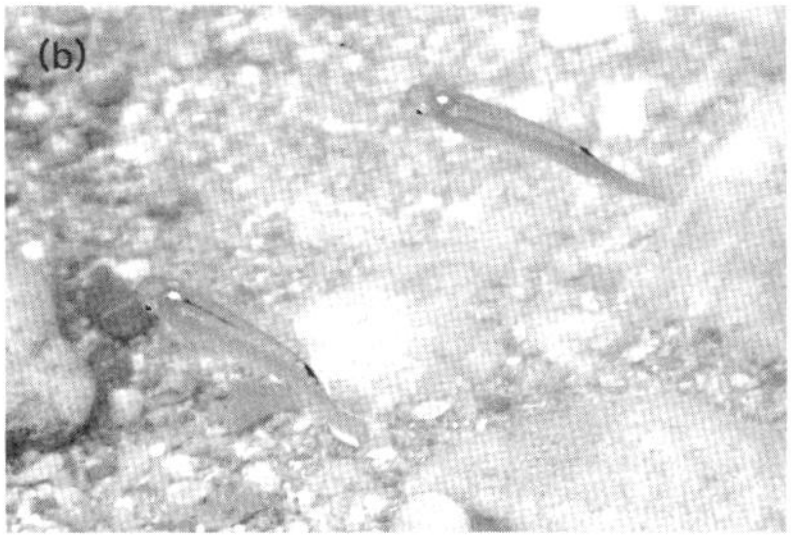

写真 33 (a) クーパン市街の排水溝のグッピー。ネッタイイエカのボウフラを食べきれずに共存。(b) 川のパンチャクス。頭頂の白斑が目立つ。

工事中のティロン川

ダムの上流（直線距離で三・五キロ）はダム湖になる。その様子は工事が始まると一変した。大型トラックやブルドーザーやショベルカーなどの通行のため、丘から谷底に降りる車道二本と谷底を浸水予定地の更に上流まで貫通する車道一本が切り開かれた。これらの車両はダムの建設場で作業するだけでなく、工事に使う砂利や岩の採取や運搬のため谷を往来する。ダム湖の予定水面以下では、木の伐採と除去が始まった。木が腐って水質が悪化するのを防ぐためである。

林がなくなると川に日陰はなくなった。車の往来と川岸の砂利採取のため、木や草や浅瀬がある自然の岸辺も失われ、林内の緩やかな流れを好む蚊に適した発生場所はなくなった。

車道が川の流れを妨げたので、随所に大きな淀みや池ができた。川岸での砂利採取によってできた淀みもあった。

写真 34　工事中の谷。(a) 全景で，中央に川。(b) 車道による遮断でできた水たまり。

写真 35　グバンヤシを倒した跡の水たまり。

これらは川とつながっているので魚がいた。植物のない岸辺にはボウフラの隠れ場所もなかった。しかし、魚が入れない浅瀬や小さな水たまりには、日の当たる水たまりを好むハマダラカやイエカがいた。河原の穴に発生するボウフラと同じ種であった。

林がなくなった場所には、雨季に、日の当たる水たまりができ、ハマダラカやイエカが発生した。水たまりができる原因はいくつかあった。車輪跡やキャタピラー跡のくぼ地には雨水がたまる。スラウェシ（6章）やセラムの伐採地で見た同様の水たまりに比べて、捕食性昆虫、特にマツモムシの少なさが印象的だった。流れが妨げられてできた水たまりもあった。雨季には丘からティロン川に向かう小さな流れが多数現れる。これらの小流が随所で車道に妨げられ、淀んだりあふれたりして水たまりができた。グバンヤシを除去した跡も水たまりになった。グバンヤシを倒すと根の周囲が残り、直径五〇センチ、深さ三〇センチほどの樹皮で囲まれた穴になる。根ごと取り去られると直径一メートル以上の穴になる。水がたまると、ハマダラカやイエカが高密度で発生した。魚はいないし、マツモムシなどの捕食性昆虫も少なかった。根の腐敗と土の崩落によって、穴は二~三年で埋まってしまう。残った穴もダム湖ができれば水没する。工事で生じ、ダム完成でなくなる、文字どおり一時的な蚊の発生場所である。

工事現場でないダムの下流では目立つ変化はなかった。

建設工事宿舎の蚊

開発現場で働く人々の健康維持は大切な問題である。ティロンダム計画では、二つの会社がダムと配水施設を分担し、別の敷地に、事務所、機械や資材置場、試験室、食堂や宿舎などを建てた。二~三棟の宿舎と食堂以外は、主に昼だけ使われる。昼間の最大人口はおのおの数十名、夜は三〇名ほどである。

いつものように、まず水浴び場や便所に入った。ボウフラが発生する水ためがあるだけでなく、暗く高湿な部屋は、蚊の潜み場所としても良い。入るといっせいに蚊が飛び立った。宿舎だけでなく、事務所の水浴び場や便所にも蚊が多いので驚いた。セラムの移民村で大発生していたネッタイイエカだった。どこで発生したのだろうか。ボウフラは、水浴び場や便所のコンクリート水槽、資材の強度検査に使われる水槽、雨水をためるドラム缶などで見つかった。食堂や宿舎からの排水だまりにはハマダラカもいた。しかし室内の蚊の数に比べると少ない。大量発生源は、宿舎の便所排水が入るコンクリート浄化槽だった。ふたにあいた大きな穴からのぞいてみると、ネッタイイエカが群れていた。ここで発生した蚊が、すべての建物に入っていたのだ。木を切り払ってつくった工事基地には、建物以外に蚊の隠れ場所はない。二年で穴があくのは材質や厚さが適切でないからで、簡単に防げることだ。

ドラム缶などの容器には、ヒトスジシマカやネッタイシマカのボウフラもいた。ネッタイイエカとネッタイシマカは人里にしかいない。林を切り開いてつくった工事現場に、どこからきたのだろうか。近くの村に、ネッタイシマカはいたが、ネッタイイエカは確認できなかった。ネッタイイエカは、工事関係のトラックなどに便乗して、町から移動してきたのだろう。

写真 36 仮設住宅。(a) 数カ所の住宅中で谷に最も近い住宅。下の水たまりは川があふれてできた。(b) 別の仮設住宅の浄化槽にあいた穴。

写真37　上流から見た満水のダム湖。ダムは中央に白く見える。

工事現場の居住地には、すぐ蚊が棲みつく。昼間は保健係の女性が一名いるが、環境整備まで目は届かない。工事中の川や谷で発生した蚊も飛来できる距離にある。病原体保有者が滞在すれば、マラリアやデング熱の感染が広がる心配は否定できない。

ダム湖

二〇〇二年二月末、初めてダム湖を見た。湖がないチモールで、ダム湖は新鮮な風景であろう。雨中でも見学者が絶えず、飲み物や軽食の屋台も出て、ちょっとした観光地であった。

私たちの関心はダム湖の蚊と魚であった。ロックフィルダムを下りてみると、水面にグッピーが群がっていた。湖畔を下りると、どこにもグッピーの大群がいた。川にいたグッピーが増えたのだ。本格的に水がたまり始めてから三ヵ月、増殖の速さに驚かされた。

すくってみてもボウフラは皆無に近い。できたばかりの切り立った湖岸に植物はなく、土や岩がむき出しである。風で湖岸は波打ち、蚊は産卵できない。そのうえ、グッピーが群居している。新しいダム湖は蚊の発生には適さなかった。

同年八月も大きな変化はなく、ボウフラはごく少なかった。グッピーは減り、半年前のように湖岸にひしめく大群は見られなかった。替わってティラピアの稚魚が見られた。五月に水産局がティラピアや鯉を放したという。地元の人たちによると、ティロン川にいたナマズやライギョやウナギもいる。グッピーが減った一因は、肉食魚を含む大型魚が増えてきたことであろう。ダム湖には水鳥（鵜、サギ、カイツブリ）も飛来し、新しい生態系が形成されつつあることを実感できた。

二〇〇三年と二〇〇四年も大きな変化はなかったが、鵜が目立って増え、湖沼生態系の確立が進んでいることがうかがわれた。

新水路

潅漑水とともにグッピーが分布を広げるという予想ははずれた。二〇〇三年八月でも、新水路にグッピーもプンティウスも稀だった。水はダム湖底から取り込まれるので、水面や湖畔にいる小魚が入る機会は少ない。そのうえ、泥も水草もないコンクリート護岸の新水路は、魚の繁殖に適さない。魚はいないが水はよく流れているから、ボウフラが見つかったのは、水が減って淀みがちな下流だけであった。

問題は水路に付随した土砂受けだった。ダムの水を受けた水路は丘陵地を通っていく。山腹を削ってつくられた水路と崖の間にコンクリートの土砂受けがある。水路と崖の間に、もう一つ、浅い溝があると考えればよい。この構造は土砂よけとして有効に働いていた。しかし、もともと水路ではないうえに、崩落した土砂が入れば流れようもない。魚はいない。雨水や崖からの湧水がたまった土砂受けには、ハマダラカやイエカが高密度で発生していた。

土砂受けは人家から遠い丘陵地にあるから、蚊が発生しても人の被害は少ないであろう。より大きな問題は、土砂受けが埋まり、土砂が水路に入ることである。流れが妨げられると、潅漑に影響するだけ

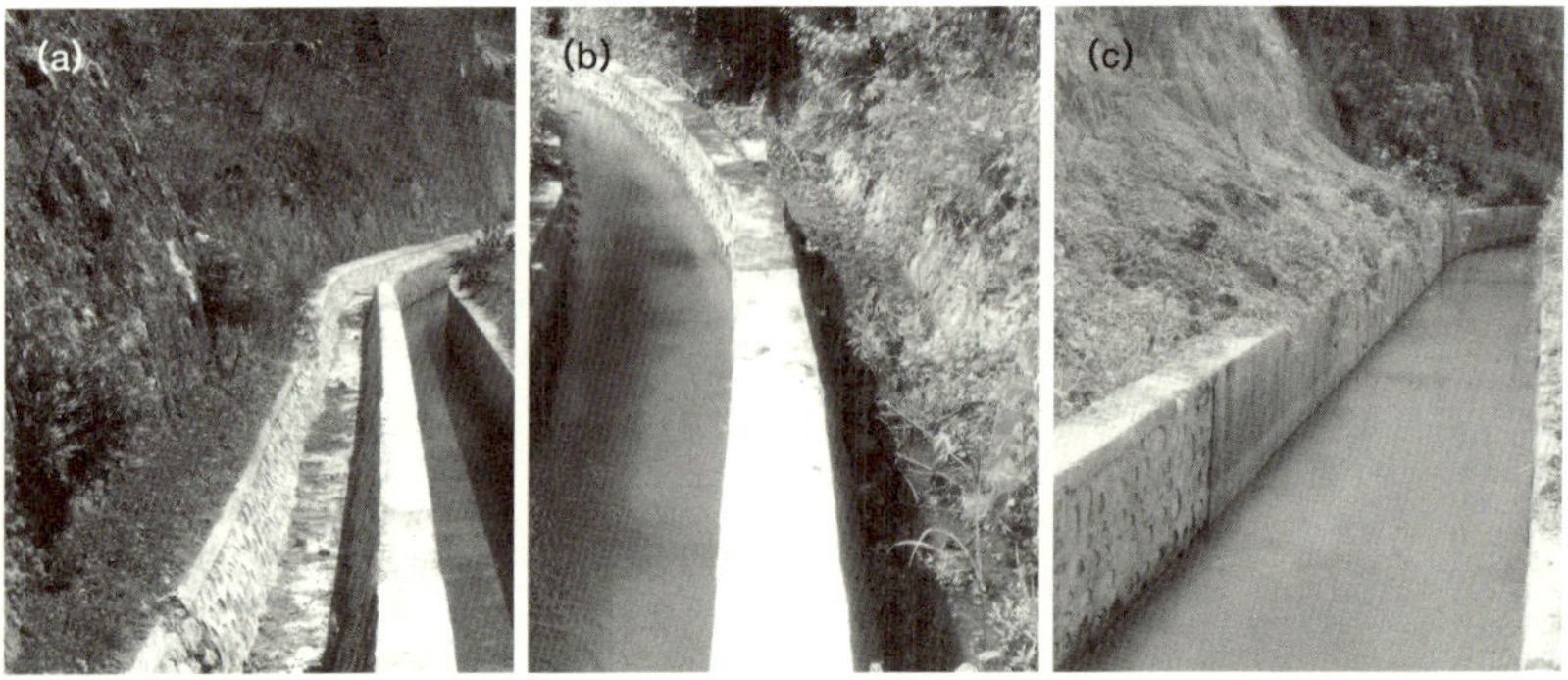

写真 38　水路と土砂受け。(a) 完成直後。左が土砂受け。(b) 水がたまった土砂受け（右）。(c) 埋まった土砂受け（左）。

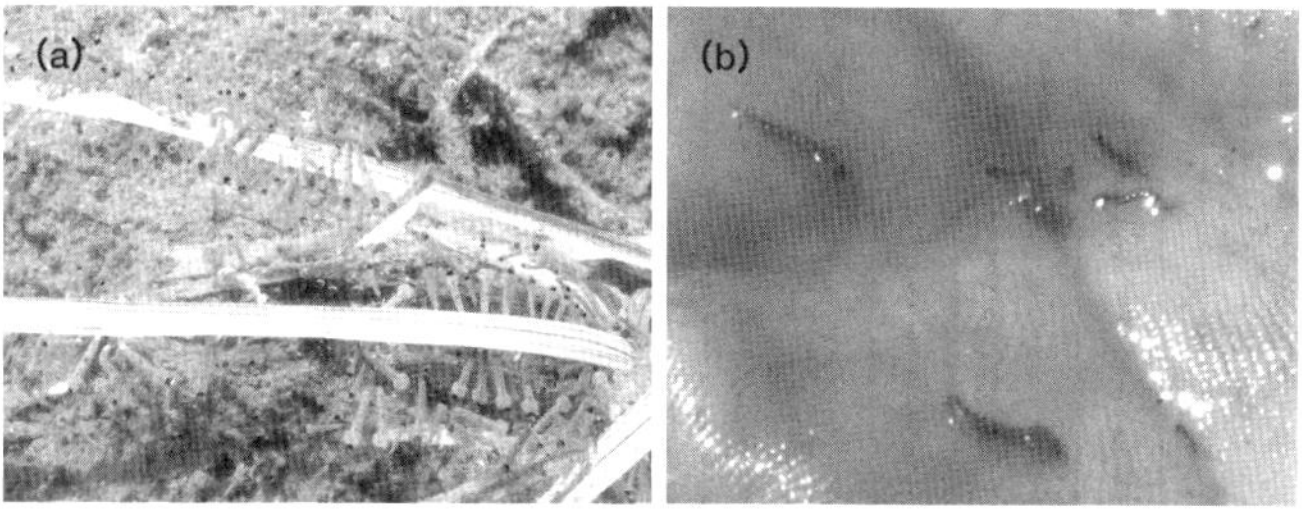

写真 39　新水田のハマダラカボウフラ。(a) 水面の稲の葉に密集。(b) 子供が手ですくっても採れる。

でなく、蚊も発生する。二〇〇四年になると、水路にたまった土に水草が生え、淀んだ部分も生じていた。そのため魚は目立って増えた。ダム湖に放流されたティラピアも水路に入り、稚魚をはぐくむ個体も見られた。

新水田

二〇〇三年三月、新水田ではハマダラカとイエカの密度が高かった。ボウフラの採集に不慣れな学生がすくっても採れるので、喜んで手伝ってくれる。逆にグッピーなどの魚は全く確認できなかった。魚は水路に稀だったから、水田にいないのは当然である。トンボのヤゴ、ゲンゴロウ、マツモムシなどの捕食性昆虫は普通に見られたが、多雨地域の新水田に比べると少なかった。魚不在を埋め合わせ広い水田からボウフラを除去するには、数が足りないのであろう。

同年八月の乾季、新水田は更に拡大していた。三月以降に新たにつくられた水田では、ハマダラカボウフラの密度が極めて高かった。三〇年間、水田のボウフラを見てきた私も、初めて見る高密度であった。子供が無造作に手ですくっても数匹採れた。そこでは、グッピーが見つからなかっただけでなく、マツモムシも稀だった。これらの新水田は丘陵地にあり、既存の低地水田から遠かった。捕食性昆虫の侵入と増加にいっそう時間がかかるのであろう。

二〇〇四年もほぼ同じ状況だった。新水田で魚は確認できず、ハマダラカが高密度の水田も多かった。

新水田での魚の増加は遅い。捕食性昆虫の増加も、既存の水田から遠いと遅れる。飛ぶ力が強い放浪者である水田の蚊は、天敵に先駆けて新水田を利用できる（3章）。

下流はどうなったか

ダムの下流では目立つ変化はなかった。ダムの下から湧水として始まった流れは、丘陵からの小流を加えて、一キロほど下流では元の川と同じ姿になった。ダムから数キロ下流の堰では、乾季でも以前のように取水し、平地の古い水田を潅漑していた。川辺にハマダラカの発生場所があることも同じであった。

最も大きな変化は、川のボウフラを駆除する可能性ができたことである。二〇〇二年八月、川でハマダラカを調べていた。ダムから一キロほど下流で、グッピーとパンチャクスがいたが、水

写真 40　浄水場から手前の川へ放水。

草や藻が茂った岸辺にはボウフラもいた。と、急に水かさが増してきた。水草や藻に守られていたボウフラが流れ出し、魚がいる本流に巻き込まれていく。ダムから五〇〇メートルほど下にある水道水のための浄水場からの放水のせいだった。浄水場も稼働準備中、その中での放水であったが、川のボウフラに対する洗い流しの効果を目の当たりにできた。

時と場所に応じた対策が必要

ダムを伴う潅漑開発は、蚊への影響も多面的である。時と場所に応じた対策が求められる。

ダム建設中　林がなくなった結果、大きな傾向としては、日の当たる水たまりを好む種が発生しやすくなった。ダム湖ができれば水たまりはなくなるが、工事中はなくすことが難しい。

また、工事関係者の居住地には、人里の蚊がすぐに棲みついた。現場で働く人々を守るため、宿舎周辺の水たまりをなくす努力と、吸血されないための防御対策が大切だろう。

後日談だが、ダム完成後、建物は壊されたが、コンクリートの土台や水槽などは残り、壊れた車両や機械、古タイヤなども放置された。雨季には水がたまり、シマカが多数発生した。ダムに近い村の人や見学者が被害を受けないように、工事開始前から後始末を考えておく必要がある。完全に除去できる仮設建築物を使えば、蚊対策だけでなく、景観上もよい。後始末は必ず必要になることであるから、規制があって当然である。

ダム湖　今は蚊の発生場所になっていないが、将来、問題が生じる可能性はある。最近も、インドやエチオピアから、ダム湖周辺でのマラリアの流行が報じられた。中央インドのバルギダム周辺では、湛水数年後からマラリア（特に熱帯熱）が急増した。ティロンと異なり、なだらかな丘陵地のダムなので、乾季に減水すると湖岸に肥沃な土地ができ、農耕をする人が集まる。この人たちの間でマラリアが流行した。ダム建設に伴う大きな社会変化に保健医療体制の整備が対応できず、それが流行を大きくしたようだ。

ダム湖での蚊対策成功例として、テネシー峡谷ダムが著名である。北アメリカ南部も二〇世紀前半はマラリア流行地であった。設計段階からエンジニアと保健関係者が協力し、周期的水位変動によるハマダラカ駆除システムが確立された。水位の上昇や低下は、水草が繁茂する浅瀬や集積した浮遊物の上など、魚が入れない隠れ家からボウフラを追い出し、更に隠れ家を破壊する。この成功は、いつも水が流入し水量に余裕がある立地条件のおかげで、バルギダムやティロンダムには適用できない。ティロンダムでは、水草の管理や浮遊物の除去など、魚が働きやすい湖畔の維持が求められる。

水路　水路と土砂受けの定期的な点検と土砂の除去は必須である。土砂が入りやすい丘陵地の水路は土砂が入らないようにふたをし（暗渠化）、土砂受けをなくすことも選択肢になる。建設費と維持費を含めて、どちらが効率的なのだろうか。

水田　乾燥地の新水田では、ボウフラを食べる捕食性昆虫や魚の増加が遅れることがある。土着の魚を水路に放流すれば、水路と水田での魚の増加を早め、蚊対策に有効であろう。水路と水田の間にため池を配置することが水管理に役立つのであれば、水路や水田が乾燥したときの魚の逃げ場にもなり、一挙両得である。

川　マレーシアやフィリピンでは、二〇世紀前半、放水による小川のハマダラカ駆除が実施された。省力のため、上流の小さな堰の水位が上がると自動放水する工夫もされた。ティロンダムの場合、浄水場を利用すれば新施設はいらない。浄水場が稼動後も放水可能なのか、手がなかった川のボウフラへの緊急対策として検討価値がある。

ダムの建設では、下流で、蚊の発生環境に大きな変化が生じることも多い。スリランカのマハウェリ計画では、水位が上がる場合と下がる場合があったが（4章）、マラリア対策上は、水位が下がった川床の水たまりが大きな問題であった。対策として殺虫剤が使われたが、環境汚染や経費や労力など、問題が大きかった。このような場合こそ、放水による洗い流しが有効と思われるが、できない理由があったのかもしれない。

速やかな進行と完成後の管理が重要

ダムや水路の工事中は、スラウェシ（5、6章）やセラム（7章）で見たように、管理できない危険な水たまりができる。計画の遅滞ない進行が、最も有効な蚊対策である。

完成後は、豊かになった水の適切な管理が、開発の成功のためだけでなく、蚊対策にも必要である。施設ができただけでは水管理はできない。ドスン（村の下の行政単位）長が、自分の田に水を入れるためコンクリート水路に穴をあけたりするのでは、管理どころではない。適切に管理できない水路や水田は、すぐに危険な水たまりに転じる。施設と人を含めて、水管理機能の維持と向上が、農業にも蚊対策にも望ましい。

9章　水田の水管理と蚊

蚊対策の可能性

繰り返し述べてきたように、蚊対策から見た水田開発の利点は、水管理ができるようになることである。随所で触れた水管理による蚊対策の可能性について、本章でまとめて考察する。

蚊の発生場所として見た水田は、止水、流水、乾燥と、それらの中間段階や移行段階に大別できる。止水を維持する管理がされている場合、蚊対策のための水管理の余地はない。水管理以外の方法で蚊の発生を抑えることを考えなければならない。止水の継続は、発育期間が長い天敵に良い環境である。天敵を増やせれば最も良いが、少なくとも減らさないため、農薬の種類と使用濃度や頻度への配慮が必須である。養魚（11章）も選択肢になる。

蚊対策として可能な水管理は、洗い流しと乾燥と栽培期の調整である。いずれも、実施に必要なのは、水の余裕と水管理能力の高い施設と組織で、蚊対策のための特別な構造はいらない。特別な構造は、ある条件では有用でも、条件が変われば無用なだけでなく、新たな問題の原因にさえなる。

全水田に均等に過不足なく水を導入できる潅漑施設、個々の水田ごとに潅漑と排水ができる施設、あふれず水はけが良い水田、淀みが生じない水路の配置、漏水がなく耐久性の高い護岸、農業用水路と家庭用水路の分離など、稲作のための水管理が効率良くできることが、蚊対策にも良い。

洗い流し

全水田があふれるほどの大雨はボウフラを一掃する。長崎では、一九五〇〜六〇年代、夏の多雨は、コガタアカイエカが媒介する日本脳炎を減らすほど影響が大きかった（2章）。水を流しやすい水田が多い地域では、蚊対策として、多雨をまねた洗い流しが理屈上は可能である。しかし、次に述べるように、現実には制約が多い。

第一に、水資源を浪費する。多雨の年は雨が洗い流してくれる。洗い流しが必要な少雨の年は、水資源がいっそう貴重である。第二に、既設の水路では効率良く洗い流せないかもしれない。雨は全水田面に偏りなく降るので効率良く洗い流す。既設の水路で大量の水を流しても、効果は一部の水田に限られるのではないか。第三に、水草やごみなどがあると効果が減る。第四に、流されたボウフラが蚊になってはいけない。流されても蚊になれば、発生場所の移動と集中によって、別の地域での被害を増やすかもしれない。佐久間ダム湖での蚊大発生の主因は飛来した蚊による産卵と私は考えるが、水田からの流下と集積もあったであろう（3章）。佐賀平野の淀んだクリークの一部では、雨で増水すると、ボウフラが減らずに増えた。流されてたまったと思われる。

洗い流しは、水田より水路で効果を上げやすい。水路壁や水辺の物に接触しているボウフラが流れに抵抗する力は、種により異なる。丘陵地の緩やかな流れに棲むハマダラカのボウフラは、川の中央の流れが秒速四〇センチほどでも耐えるとされるが、普通の種は秒速二〇センチを目安にできる。この流速は、佐賀のクリークでは、沈泥を減らす目安とも一致する。

乾燥

日本の水田では、稲の成長中に、一時的に乾燥させる中干しや間断潅漑が実施される。稲の良好な生育に加えて、水資源の有効利用や蚊対策にもなれば、一石三鳥である。温室効果ガスであるメタンの発生が好気条件で抑制されることも利点とされるが、更に強力な温室効果をもつ一酸化二窒素の発生は逆に促進されるので、この点に関しては一概にいえない。

蚊対策を目的とした間断潅漑は、二〇世紀前半から検討されてきた。蚊の発生を防ぐには、湛水はボウフラの発育期間より短く、乾燥はボウフラを完全に殺せる長さでないといけない。適切

表9　水田のハマダラカに対する間断潅漑の効果。5日間の湛水期間中に毎日調べて採れたボウフラと蛹の数。インドでの実験。湛水中の水位は10cm，排水を始めると30分でくぼみ以外の水はなくなる。Russellほか，1942, J. Malaria Inst. India 4: 321−340による。

乾燥中の雨	5日湛水・1日乾燥					5日湛水・2日乾燥				
	1齢	2齢	3齢	4齢	蛹	1齢	2齢	3齢	4齢	蛹
なし	2,829	3,109	1,820	1,018	58	4,209	2,929	1,866	445	0
あり	1,098	1,335	637	290	51	696	1,317	774	304	17

乾燥中の雨	5日湛水・3日乾燥					5日湛水・4日乾燥				
	1齢	2齢	3齢	4齢	蛹	1齢	2齢	3齢	4齢	蛹
なし	2,736	2,788	1,857	167	0	3,238	2,284	1,261	260	0
あり	768	776	337	120	10	392	476	340	174	8

な組み合わせは、蚊の種や気候条件により違う。ハマダラカだと、ポルトガルでは一〇日湛水で七日乾燥、熱帯アジアでは九日湛水で三日乾燥や五日湛水で二日乾燥などが有効とされた。日本脳炎を媒介するイエカは発育が早いので、一週間以上の湛水はできない。期待どおりの効果があれば、ボウフラは発生しても蚊にならない。しかし水管理に手間がかかる。

省力化のため、積極的な排水の代わりに、蒸散や浸透による減水に任せる方法が提案された。中国では「湿潤潅漑」と呼ばれる。表面水がなくなったら入れる方法が理想的だが、実施を簡単にするため、対象地域の平均的な気候や土壌条件に合わせて、例えば五日ごとに一定の深さまで水を入れる方法が推奨されている。湿潤潅漑は、捕食者への悪影響を軽減できる利点がある。

湛水を維持する潅漑に比べて、蚊対策を目的とした間断潅漑の実験では、一般に水の消費量は減り、単位水量当たり収量は増え、面積当たり収量は同じか、適切な品種を使えば増える。ところが、蚊に対しては、期待した効果が常に得られるとは限らない。原因はいろいろある。広域同調でないと水がある水田が残る、雨や土質によって乾燥が不完全になる、くぼみに水が残る、水田以外の水たまりがある、特に水路には水田が乾燥しても水がある、周辺地域から蚊が飛来する、などがあげられる。特に重要な問題は、田植え後三週間くらい継続する湛水期である。多くの媒介蚊はこの期間に高密度になる（3章）。

実験での大きな効果にもかかわらず、実際の蚊対策での効果を示す明瞭なデータは少ない。日本では中干しで蚊が減るといわれるが、広域での安定した効果を示すデータは乏しい。ケニアやタンザニアの実験では、水田が凸凹で乾燥しにくいため、間断潅漑で蚊が増える傾向も見られた。成功例として最もよく言及されるのは、中国南部で実施された湿潤潅漑によるマラリア対策である。

栽培期の調整

蚊の発生には水たまりと好適な気温が必要である。暖かい季節が限られる温帯では、栽培期をずらすことで蚊の数に影響を与えうる。梅雨を待って田植えをする慣習は、暑い時期に水があることを保証し、蚊にとって都合よかった。昔に比べて田植え期は早まってきているが、暖かい季

写真 41　非同調栽培。手前から田植後1ヵ月以内，休閑，登塾期。スラウェシ。

節内であれば蚊の数に大きな影響はない。近隣地域に比べて田植えが早い三重県では、コガタアカイエカも早く増え、豚の日本脳炎ウイルス感染も早かった。もっと低温期まで田植えが早まると、蚊の数やウイルスの増殖に大きな影響がでるだろう。

熱帯では水があればいつでも稲を栽培できる。栽培期の同調で蚊の発生期が限定されれば、対策を集中できる。インドネシアでは、栽培期の同調と休閑期の排水により、マラリア対策に大きな効果をあげた（7章）。マリでは、栽培期が同調していないため、マラリア蚊が好む田植直後と刈取後の日当たりの良い水田が一年中ある。そこで、マラリア対策として同調栽培が提案されたが、一方では、蚊の数の大きな変動が危険との意見もある。蚊とマラリアが減った時期に人の免疫が低下し、蚊が増える季節の発症率が高まるというのだ。同調栽培による発生期の限定は、見方を変えれば、発生期の集中であり、「山田の頂」（2章）をつくりだすことである。蚊対策のために同調栽培がすすめられるのは、有効な対策と組み合わされた場合だけである。

捕食者への影響

洗い流しや乾燥や栽培期の調整は、蚊と稲以外の生物への影響も大きい。洗い流しは浮遊するボウフラに強く影響するが、他の生物への影響はよく分からない。乾燥は、発育期間が長い水生捕食者に大きな打撃になる。温帯では繁殖季節は限られる、田植え後の水田で繁殖する魚や水生昆虫にとって、水田は「死のわな」（デストラップ）にもなりうる。

熱帯では気温の制約はない。マレーシア多雨地域の二期作天水田では、ナンヨウベッコウトンボの一種が年間を通じて発生する。ヤゴは一平方メートル当たり最高五〇匹近くなるが、不定期の乾燥や豪雨による氾濫、殺虫剤や除草剤などの影響で、全滅と増加を年間に数回繰り返す。しかし、乾季が数ヵ月続くモンスーン気候下にある東北タイの天水田地域では、トンボやゲンゴロウやガムシなどの一部の種で、発生季節が限られるらしい。

非同調栽培と同調栽培は、蚊の捕食者にどのような得失があるのだろうか。稲の害虫対策でも、同調支持者は稲のない休閑期に害虫が減る効果、非同調支持者は稲が常にあることによって天敵が増える効果を強調する。フィリピンやインドネシアでは、非同調栽培だと、田植え後すぐに稲害虫の捕食者が入ることが観察された。フィリピンの非同調水田で最も数が多かった捕食者（クモやカタビロアメンボなど）は、蚊にとっても天敵である（2章）。熱帯（特に乾季と雨季が明瞭な地域）の水生捕食者に対する潅漑や栽培期の影響は、これからの大きな研究課題である。

捕食性昆虫の種が限られる場合には、その種を増やす水管理の可能性が生じる。アキアカネは春に越冬卵がふ化してヤゴが育ち、夏に羽化して山へ移動、秋に下山して水たまりに産卵する。浦辺研一らによる埼玉県での一九七〇年代末から八〇年代の調査では、五月初めが田植えだと、六月中はヤゴによる捕食がシナハマダラカボウフラの大きな死亡要因である。他に重要な捕食者はいない。ヤゴ密度は一平方メートル当たり五〇匹からゼロまで、水田による差が大きい。その一因は、稲刈り後の水田での産卵に適した水たまりの有無らしい。蚊の天敵としての働きを高めるため、浦辺らは、刈取り後の水田に水を入れアキアカネの産卵を促すことを提案している。

水田では多様な捕食者の存在が一般的である（2、3章）。特定の捕食者への偏り自体が人の影響によるとすれば、こうした管理は多様性回復までの過渡的な選択肢であろう。

水管理による蚊対策の難しさ

水管理による蚊対策は大きな可能性をもつ。しかし、現実には容易でない。第一に、水不足が心配では実施できない。稲作のための水確保が優先されれば、蚊対策のための洗い流しや乾燥の余地はない。蚊対策を難しくする非同調栽培も、水の有効利用には望ましい場合があるとされる。豊富な水が大前提である。第二に、水田ごとの異質性が大きい。一部の水田では期待した効果を上げることができない。第三に、水路やため池のように水田と違う性質の水域がある。第四に、水路や水田から水があふれたり漏れたりして、管理できない水たまりができる。第五に、蚊対策のための水管理を実行できる組織が必要である。

水田が乾燥しても水が残りやすい水路やため池などは、蚊対策には障害になるが、天敵の生存には大切な場である。全水域を含めた水管理によって、望ましい生物的環境をつくる計画の一環として、蚊対策も考えなければならない（18章）。

水管理による蚊対策の第一の目標は、蚊の発生を助長する不要な水たまりをつくらないことであろう。不適切な施設や水管理によって水があふれたり、漏れたり、排水できなかったりすることがなくなれば、稲作や水資源の有効利用にも良い。積極的に蚊を減らす水管理は、日常的には実施できなくても、可能性を検討しておけば、緊急対策として役立つ。

10章　農薬と蚊

農薬は蚊を減らすか

日本では、人を昆虫やダニから守る防疫用殺虫剤と植物を有害生物から守る農薬、それぞれの許認可業務を、厚生労働省と農林水産省が分担する。しかし、殺虫剤の有効成分は共通である場合が多い。特に有機合成殺虫剤が使われ始めた初期には、いろいろな害虫に効くことが高く評価されたので、農業害虫にも衛生害虫にも有効な薬剤が多かった。

農薬の蚊への影響については、相反する二つの話を聞く。一つは農薬を使うので蚊が減ったという正の影響、一つは農薬によって蚊が抵抗性になり駆除できないという負の影響である。いずれも分かりやすい話であるが、正確な記録は意外に少ない。

水田の害虫に殺虫剤を使うと、蚊に抵抗性がなければ効果は大きい。広い地域で同時に殺虫剤を使えば、地域内の畜舎に集まる蚊も減る。航空機による農薬の広域散布直後に蚊が急減することが、日本や韓国やアメリカなどで観察されている。エルサルバドルでは雨季に綿が栽培さ

写真 42　水田での農薬散布。1970年代の長崎。

れる。雨季には水たまりができマラリア蚊も増えるが、綿害虫に対して農薬が散布されると蚊は減る。いずれの例でも影響は一時的で、短いと一週間ほどしか持続しない。周辺地域から蚊が飛来して数は回復する。しかし散布が頻繁だと、抵抗性ができるまでは効果が大きい。

日本で日本脳炎が流行していた一九六〇年代、農薬による稲作害虫と蚊の同時防除が提唱されたが、患者の減少に伴い検討されなくなった。この患者減少の一つの原因は、農薬によるコガタアカイエカの減少と考えられるから（2章）、意図的な同時防除は普及しなかったが、思いがけない同時防除が効果を上げたことになる。緊急対策として、同時防除は経済的である。

韓国や台湾でも、稲の害虫駆除に殺虫剤が広範に使われる。それが日本脳炎患者減少の一因であるといわれることもあるが、農薬による媒介蚊減少を裏づける長期的資料はない。韓国でも台湾でも、日本脳炎減少の最大要因はワクチンの普及と考えられている。

農薬による蚊の抵抗性発達

日本では、コガタアカイエカの有機リン剤抵抗性は、社会的問題にならなかった。蚊が増えても、ワクチンや環境変化の効果で日本脳炎は増えなかったので、蚊対策に殺虫剤を使う必要がなかった（2章）。熱帯では、農薬による抵抗性発達は、マラリア対策を妨げる深刻な問題になる。綿や稲の害虫に使われる農薬によるマラリア蚊の抵抗性発達は、インド、スリランカ、中米、西アフリカなどから報告された。マラリア対策に殺虫剤を使おうとしたらすでに抵抗性になっていた、農薬を使う地域の蚊は抵抗性なので殺虫剤が効きにくい、農薬を使う季節に抵抗性が高まる、などである。

農薬による抵抗性発達は分かりやすい話だが、それゆえに十分な根拠なしに受け入れてしまうおそれがある。インドはアジアでマラリアが最も深刻な国の一つである。ＤＤＴにより、マラリア患者は第二次世界大戦前の一億人から一九六一年の五万人まで減ったが、その後は急増し、一九七五年には五〇〇〇万人に達した。この急増期は、国際稲研究所で育成された高収性品種の普及年代（緑の革命）と一致する。高収性品種は虫害に弱いため、大量のＤＤＴが使われた。

稲作でのＤＤＴ使用量−米の生産高−マラリア患者数の間には，明瞭な正の相関があった。この相関を根拠に，マラリア患者急増の原因は農薬による媒介蚊の抵抗性発達とする論文が，雑誌『ＮＡＴＵＲＥ』に掲載された。著者はアメリカの研究者である。これに対して数名の研究者が疑問を掲載し，インドの研究者との間では，三回にわたって批判と反論が繰り返された。インドの研究者は後に詳細な分析を発表し，マラリア再流行の原因は，先進国の援助削減によるＤＤＴ不足とマラリア対策組織の未熟さであると結論づけた。少なくとも，農薬による抵抗性発達が原因とする説を支持する証拠はない。

蚊対策用薬剤と有効成分が共通な農薬が広域で使われれば，蚊が抵抗性になる可能性はある。しかし，確実な証拠なしにいわれている場合もあるから，注意を要する。韓国でのマラリア再流行（３章）の

表10 1980年代のコガタアカイエカ幼虫の有機リン剤抵抗性比。50％のボウフラが死亡する濃度が感受性系統の何倍かを示す。例えば65,000の場合，感受性系統の65,000倍の濃度で同じ致死効果が得られる。Takahashi and Yasutomi, 1987, J. Med. Entomol. 24: 595−603およびYasutomi and Takahashi, 1987, J. Med. Entomol. 24: 604−608が調べた17地点から，東北から九州にわたる7地点を任意に選んだ。カーバメイト剤についての抵抗性比も32〜314倍と高かったが，ピレスロイド剤については1〜2倍で抵抗性はほとんど発達していなかった。

地域	テメホス	マラチオン	フェニトロチオン	ダイアジノン	フェンチオン
宮城県名取市	＞125,000	3,625	26,875	193	39,286
埼玉県大宮市	65,000	3,525	25,875	220	22,571
富山県	＞125,000	6,000	26,500	317	22,929
滋賀県草津市	275	3,350	32,375	313	22,719
山口県山口市	＞125,000	5,250	34,750	398	22,500
香川県飯山町	39,125	3,875	39,375	207	30,875
佐賀県三日月町	500	4,000	50,000	620	17,714

原因はハマダラカの抵抗性獲得とする説もあるが、他の要因との相対的重要性を検討する必要がある。

除草剤と肥料

水田にはいろいろな化学製品が投入される。有害生物対策としては、殺菌剤や除草剤も使われる。日本では、一九七〇年ころに除草剤の種類が一変した（2章）。ＰＣＰに取って代わったジフェニールエーテル系除草剤は、魚毒性は低かったがボウフラには毒性が高く、水田で使われる濃度で致死的だった。一九七〇年ころのコガタアカイエカ急減には、殺虫剤だけでなく、除草剤の交代もかかわったと考える人もいる。

インドでは一九七〇年代に日本脳炎の流行が大きくなった（3章）。これを肥料と関連づける説がある。稲の高収性品種は多量の化学肥料、特に窒素を必要とする。実験水田では、窒素肥料を増やすほど、日本脳炎媒介蚊のボウフラも増えた。マラリア蚊とユスリカでも同じ傾向だったが、ゲンゴロウ、ガムシ、マツモムシ、ヤゴなどは影響を受けなかった。

フィリピンの水田でも、蚊とユスリカの幼虫は田植え後の窒素肥料使用で増えたが、一ヵ月後には減り、二ヵ月後の施肥には影響されなかった。田植え後の施肥は、単細胞光合成緑藻などの急増も引き起こした。富栄養になった水田へ産卵が集中したので幼虫が増えたと推測されたが、ボウフラやユスリカ幼虫の生存率も高まった可能性がある。

粒状の肥料を散布する代わりに、大きな塊にして田植え後に土中一〇センチくらいに埋めると、ボウフラやユスリカの発生を抑制できた。肥料の利用効率が高まり、水田外への流出や一酸化二窒素の発生も抑制できるとされるが、施用の手間が大きい。労力削減のため機械化も試みられている。

代替肥料

インドの実験水田では、窒素肥料の代わりに伝統的な堆肥や緑肥（ナンバンクサフジ）、あるいは化学肥料の代替として研究されている藍藻（らんそう）（数種の藍藻を混ぜて培養したもの）を使うと、ボウフラは減った。いろいろな薬効で知られるインドセンダン（ニーム）の実を利用した肥料も、ボウフラの発育を阻害する。フィリピンの実験水田では、アカウキクサを緑肥にすると、蚊とユスリカは増加しなかった。

アカウキクサの蚊対策への利用の試みは、一九一〇年ころまでさかのぼる。中国では一九八〇年代に水田の蚊への効果が検討され、アカウキクサが水面の七五％以上を覆う水田で、コガタアカイエカ幼虫とシナハマダラカ蛹の減少が認められた。アカウキクサを入れた実験容器では、コガタアカイエカの産卵が減り、シナハマダラカでは産卵抑制なしに蛹の羽化が抑えられた。ボウ

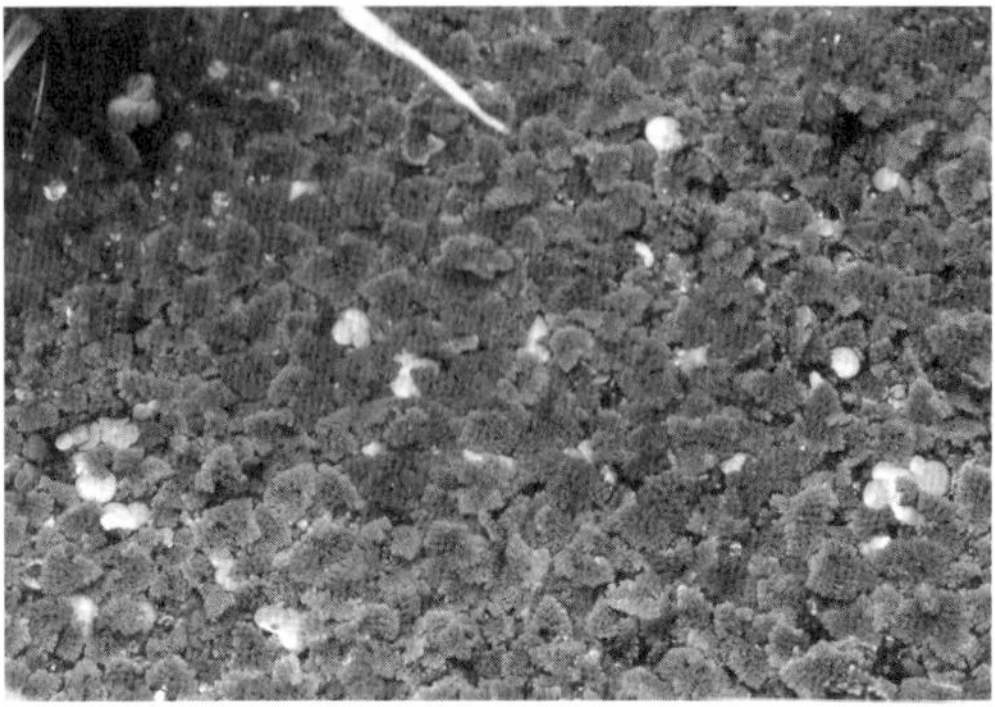

写真 43　水田のアカウキクサ。

フラの生存は両種とも影響されなかったが、タイでの実験では、ハマダラカ幼虫の生存率が低下した。

アカウキクサの効果は、水面の被覆率が低いと減る。インドでは、田植え後二週間以内に、日本脳炎とマラリアの主要媒介蚊が多発する。アカウキクサを田植え後に導入しても、被覆率が八〇％を超えるまで二週間以上かかるので、蚊対策効果は限定されていた。高い被覆率の維持も課題であろう。私は、タイで、一面のアカウキクサがミズメイガ幼虫の発生で短期間に消失するのを見たことがある。

安い肥料で稲の高収量と蚊駆除を達成できれば、一石二鳥である。しかし蚊に対する肥料の影響は、殺虫剤より間接的で、因果関係がいっそう分かりにくい。堆肥、ナンバンクサフジ、アカウキクサ、藍藻、そしてインドセンダン、それぞれ、いくつかの経路で影響を与えうる。

化学肥料も含めて、肥料の種類や使い方は、これからも大きく変わる可能性がある。殺虫剤ほど注目されなかったが、蚊への影響に注意が必要である。

有機農法は蚊を減らすか

農薬や化学肥料を使わない有機農法は蚊対策に良いだろうか。一〇年ぶりに殺虫剤を使った南フランスの水田では、数種の捕食生水生昆虫は減ったがツブゲンゴロウは増え、アオモンイトトンボの一種とボウフラは殺虫剤の種類により増減し、トンボ二種の数は無農薬水田と同じだった。韓国の有機農法水田ではカラドジョウとコシマゲンゴロウが増え、コガタアカイエカとシナハマダラカが減った。他の捕食者では、変化は明瞭でなかった。カリフォルニアの有機農法水田ではコオイムシとマツモムシとゲンゴロウが増えたが、稲の苗に対するユスリカの被害も増えた。浜崎健児は、広島で、有機農法水田の酸性土壌は捕食性水生昆虫に影響しないが、アメリカカブトエビのふ化幼虫を殺すことを観察した。日本では除草効果が注目されているカブトエビだが、カリフォルニアでは人工湿地でのボウフラの天敵として研究されている。

インドネシア・ジャワの無農薬実験水田では、殺虫剤を頻繁に使う農家の水田に比べて、水表と水生の捕食者が多く、プランクトン食者（大部分はユスリカで蚊も含む）は減った。三ヵ月の湛水と除草後に牛糞堆肥を加えた水田では、無肥料水田に比べて、水上でも水中でも、捕食者と腐食者とプランクトン食者、いずれも増えた。興味深い結果だが、具体的な分類群は分からない。

有機農法といっても、具体的内容はいろいろである。また、農薬や化学肥料を使う一般の水田に囲まれた小面積の有機実験水田での結果は、広域の有機水田地域ができた場合には当てはまらないかもしれない。どのような有機農法が蚊を減らすことができるのか、研究が必要である。

11章　水田の魚と蚊

メダカを放して蚊を減らせるか

メダカのように水面で摂食する小さな魚は、ボウフラをよく捕食する。繁殖力も大きい。北アメリカ南部原産のカダヤシ（タップミノー）は、蚊対策に最も広く利用されてきた。文字どおり「蚊絶やし」のため、二〇世紀初めから世界中に導入された。英名モスキート・フィッシュも蚊対策専業魚の意である。二〇世紀半ばまでに六〇ヵ国以上に定着し、最も分布の広い淡水魚といわれる。

カダヤシ導入の目的の多くはマラリア対策だった。カダヤシにより蚊やマラリアが減ったという話は少なくない。ヨーロッパや中近東などの例はよく知られている。しかし、研究と違い、対策現場で正確なデータがとられることは少ない。マラリア対策に効果があったとされる例の多くは、科学的根拠がない宣伝ともいわれる。

カリフォルニアでは、水田から発生する蚊対策にカダヤシを使ってきた。大きな池でカダヤシ

写真 44　カリフォルニアのカダヤシ池。

を養殖し、毎年、水田に放す。しかし、効果について意見は分かれる。ボウフラの天敵として魚だけが有効という研究者がいる一方で、捕食性昆虫を減らして蚊を増やすという報告もある。

土着の捕食者がいる場合、カダヤシの追加で更に蚊が減るという証拠はないようだ。佐賀市のクリークには、捕食性昆虫と二〇種以上の魚がいる。そこにカダヤシを放流しても、ボウフラを更に減らす明瞭な効果はなかった。佐賀市が一五年近く続けた毎春の放流は一九八六年に中止されたが、蚊の被害が増えたという苦情はない。

困ったことに、温帯でのカダヤシによるマラリア対策の成功という話が、対策に決め手を欠く熱帯でのメダカ導入を促進してきた。多様な土着魚と捕食性昆虫がいる熱帯の水田に、それらの効果を調べもしないで外来魚を導入するのは、科学的とは言いがたい。しかし、そうしたことが、疑問もなく実施されたのである。インドネシアでは、ジャワ原産のパンチャクスや都会の溝で増えたグッピーが、蚊対策のため各地に導入された。農家の協力を得るため、グッピーとコイを組み合わせて水田に導入したこともある。だがメダカ類の導入でマラリアが減ったことを示すデータは、インドネシアに限らず、ないようだ。最近は、逆に、土着魚や養殖魚への影響が心配されるようになってきた。

殺虫剤によらない蚊対策の代表としてもてはやされたカダヤシも、生物多様性保全の観点から、風当たりが強まる一方である。カダヤシが稚魚を捕食するので土着魚が減り、絶滅したと考えられる例もある。「蚊絶やし」ではなく「魚絶やし」と極言する人さえいる。WHOは、一九八二年、蚊対策のためのカダヤシ導入を推奨しない方針を明確にした。国際自然保護連合が二〇〇〇年に発表した侵略的外来種ワースト一〇〇や、環境省の要注意外来生物リスト（案）にも名を連ねている

多様な水田の魚

水田と水路には魚が多い。少し古い記録だが、マレー半島では淡水魚の二〇％にあたる五〇種の魚が水田に生息する。それでも、マレーシアの水田は新しいので、タイに比べて水田の魚の種数は少ない。東北タイの一五×一〇平方メートルの水田には一八種の魚がいた。そのうち少な

くとも七種は食用魚として市場に出る。
インドネシアの水田地帯では、水路で捕れるほとんどの魚を食べるようだ。釣り、たも網や投網、わなや電気ショックなど、いろいろな方法で魚を捕る。わなにも、精巧なもんどりから、葉の茂った枝を束ねて浸すだけの単純な仕掛けまである。レクリエーションとしての日本の釣りとは違い、インドネシアの農村では主婦や少女や老女の魚捕りもしばしば見る。座って待てばよい釣りは、老女にもできる食料獲得の手伝いかもしれない。

水田の魚はボウフラの天敵である（2、3章）。成魚は魚食性や草食性の大型種でも、稚魚は小動物をよく食べる。ライギョの成魚は小魚やカエルなどを捕食するが、群れをなす稚魚は小動物を食べる。水草が生えた浅瀬まで進入し、ボウフラなどを食べ尽くす。

写真 45　インドネシア・スラウェシの水田農村での魚捕り。(a) 道路わきにできた湿地で釣りをする老女。(b) バッテリーを背負い，水路で魚を捕る少年と手伝う少女。

特別な呼吸法を発達させた種を除いて水から離れられない魚は、水管理や稲作作業の影響を強く受ける。生存には、水が減ったときに逃げ込める安定した水域が必要である。産卵のために砂や小石や水草、タナゴ類のようにカラスガイが必要な種もいる。冬や乾季を生き延びるには深い水や泥がある場所も必要だ。多くの人が指摘しているように、水田の魚の生活は、水路やため池や河川などを含む水のつながりに依存する。魚は農業の近代化が苦手である。水路のコンクリート化による泥砂や水草や水辺植物の消失、水田と水路との水位差、水管理の中に組み込まれた乾燥、農薬などが魚の生存と繁殖を脅かす。水路の水をポンプでくみ上げパイプで配水する灌漑では、魚が水田に入る機会は大きく減るであろう。

水田や水路の魚を利用している熱帯の稲作地帯では、近代化との調和が大きな課題であろう。蚊対策にとっても、魚の動向は一つの鍵である。

水田での養魚

水田を利用した養魚は世界中でされてきたが、起源地はアジアとされる。中国での記録は後漢（紀元二五〜二二〇年）までさかのぼる。今は中国、タイ、インドネシア、エジプト、マダガスカルなどで、養魚面積が大きいとされる。産業統計の対象外で実態が分からない国も多い。熱帯では、一〇〇〇〜一五〇〇メートルの高地で盛んである。海が遠い山地では、淡水魚が重要な

写真 46 水田養魚で育ったティラピア。

蛋白源である。養魚をすると稲の栽培面積は減るが、魚が高く売れれば利益は増える。技術的にも、高地での水田養魚は、高温や酸素不足になりにくい、魚食魚が少ないなどが利点とされる。

具体的な方法は多様である。魚の起源から見ると「野生の魚を育てる」、「野生の魚を積極的に導入する」、「放した魚を育てる」、飼う時期から見ると「稲がない季節に飼う」、「稲と魚を同時に育てる」、育て方から見ると「稚魚まで育てる」、「成魚まで育てる」、「餌を与える」、「与えない」など、いろいろな型がある。稲と魚を交互に育てる場合でも、一回ごとの交代から二〜三年ごとの交代まである。魚に必要な高水位の維持には、水資源の余裕が必須である。稲作と養魚を交代する場合には、休閑期にも水を要する。農薬の種類や使う時期も制約される。

水田での養魚に適しているのは、「浅い水に棲める」、「高温低酸素に強い」、「成長が早い」などの特徴をもつ種である。多くは雑食性だが、「プランクトン食」、「草食」、「肉食」の種も使われる。稲に害を与えないことも重要だ。種によっては、稲がある程度成長してから導入するなどの注意も必要である。今使われている主な種だけでも一〇を超える。最も広く使われているのが、中国原産のコイとアフリカ原産のティラピアである。

水田養魚には手間がかかる。水が減った際の逃げ場として深い溝や池を掘り、逆に増水しても逃げないように畦(あぜ)を高く強くする。排水口に網を設置する必要もある。給餌をすれば更に手間がかかる。稲作の機械化と省力化、農家の富裕化が進むと、養魚は減る傾向がある。日本での水田養魚は、今は、有機栽培などの場合に限られる。

インドネシアの水田養魚

具体的な例を見てみよう。インドネシアの水田養魚は、一九世紀半ばに、ジャワで始まったとされる。政府の普及活動に加えて、ジャワのイスラム教学校で学んだ人々が故郷に伝えたので、二〇世紀初めに全土に普及した。

南スラウェシ州北部の山岳地帯では、今も水田養魚が広く実施されている。私が詳細を見たのは、観光地タナ・トラジャの西八〇キロほどの山村マンビである。本道から分かれて村に至る二〇キロほどは大変な悪路で、雨が降ると車は通れず村は孤立する。私たちがいった際は並の状態だったが、深くえぐれた車輪跡に水がたまり、スコップで道を削りながら進むので、歩くより遅い。村の診療所に勤めていた留学生イスラ君の案内がなかったら、途中であきらめたに違いない。

村は標高七〇〇メートルほどの盆地にあり、中央を清流が流れる。水は豊富で、三〇年ほど前から小規模灌漑が実施され、雨季と乾季に一回ずつ稲がつくられる。畦は普通の高さだが、排水口には竹やヤシの葉で編んだマットをおき、魚の逃亡を防ぐ。水田の中央に掘られた直径二〜三メートルの池から、幅三〇センチほどの溝が三〜四本、放射状に畦まで延びる。水が減ると魚は溝に入り池に集まる。乾燥しても、魚池には竹で配水できる水田も多い（一一ページに写真）。

飼育用のコイの稚魚や幼魚は購入することもあるし、産卵用の池に種魚を入れて自家生産することもある。田植え後五日ころに稚魚を水田に放し、魚がいる間は水を減らす時期はあるが乾燥はさせない。肥料は三回やる。肥料をやるとプランクトンが増え、魚がよく育つとされる。殺虫剤や除草剤は使わない。やむをえない場合は水を減らして魚

写真 47　マンビの養魚水田。(a) 造成中。(b) 魚用の池だけに水のある状態。

を池に集め、覆いをしたうえで、魚毒性の低い殺虫剤を使う。普通は稲刈り前に落水して漁獲するが、それ以前に随時することもある。

捕食者と蚊の複雑な関係

マンビの養魚水田はよく管理され、ボウフラはほとんどいなかった。マツモムシがいないことも目を引いた。私が見たインドネシアの水田でマツモムシが皆無だったのは、マンビの養魚水田だけである。

魚がボウフラとマツモムシを食べたと考えれば分かりやすい。水中に浮遊するマツモムシは、泥や水草に隠れることができる他の捕食者に比べて、魚に食べられやすいであろう。ただしこれも先入観かもしれないから、実験などでの確認を要する。同じ分類群の種でも、食べられやすさは同じではない。マツモムシやイトトンボの中で魚やヤンマのヤゴがいる水域に棲む種は、敵のいない水域に棲む種に比べて食べられにくい。大型捕食者の刺激に敏感に反応して逃避行動をとり、捕食から逃れる。理由は分からないが、東北タイの水田では魚がいてもコマツモムシが群泳し、同じ水槽に入れても食べられないという。西城洋によれば、島根のドジョウ養殖水田は、水生昆虫の生息と繁殖に利用されている。

捕食者どうし、捕食者と蚊の関係は、直接「食う－食われる」だけでない。マツモムシやガムシやゲンゴロウの中には、魚がいると棲みつきや産卵を避ける種がいることが、屋内や野外での小プールを使った実験で示されている。魚に由来するにおいが忌避の原因と推測される。蚊でも、魚やマツモムシやヤゴがいるプールへの産卵忌避が知られている。

水田のように多様な捕食者がいる大きな水域で、間接的な種間関係がどのような働きをしているのか、分かっていない。実験室では、蚊は魚由来物質の濃度が高いと産卵を避けるが、薄めると効果が消える。水が減って捕食者が小さな水たまりに集中すると、効果が出るかもしれない。

多様な水田養殖システム

今、水田での養殖が最も盛んな国は中国である。FAOの『中国の水田養魚』によれば、広い中国の地域的条件に応じて、その方法も多様である。稲と魚を同時に育てる場合、水田の縁に幅二～四メートルで深さ一～二メートルの大きな溝を掘る方法が普及しているというから、インドネシアに比べて広い面積を魚のために使っている。魚は主な一種に他の一～二種を少し混ぜる。例えばコイを主にしてフナやソウギョを混ぜる。餌の種類や採餌場所が違う種を混ぜると、資源利用効率が高まるとされる。稲─魚─アカウキクサ養殖システムでは、緑肥であるアカウキクサを草食魚や雑食魚の餌としても利用する。アカウキクサが増えてから魚を導入する。主に中国南部で試みられ、浙江(チョーチャン)省では普及が進んでいるという。

中国では、水田で、シナモクズガニやテナガエビも養殖される。養魚より更に広い面積を使い、金も手間もかかるようである。水田の広い面積を養殖に充て投資をするのは、収穫物が高く売れるからで、養殖農家の収入は稲専業農家より高いという。

ベトナム南部海岸では、塩分濃度が低下する雨季にしか稲を栽培できない。内陸部の農家に比べて低い収入を補うため、雨季には稲と同時に淡水テナガエビを養殖し、乾季の休閑田では海水産エビを養殖する。ヨーロッパ移民がザリガニを食べる習慣をもたらしたルイジアナでは、水田でザリガニを養殖する。ザリガニは苗を加害するので稲が大きくなってから導入し、刈取り後も湛水して育てる。

水田での養殖は、自然の、経済の、そして社会の条件に応じて多様だから、蚊への影響もいろいろな場合がありうる。

養殖と蚊対策 — 可能性と危険性

水田養魚には漁獲以外に二次的な利点がある。第一に、魚を飼うと稲がよく育ち、単位面積当たり収量が増えるという報告が多い。魚の排泄物が栄養になり雑草も減るためと説明されている。ただし、養魚水田の条件に適した品種を選ぶ必要があるだろう。第二に、稲の病気や有害動物対策にも役立つ。フィリピンやベトナムでは、スクミリンゴガイ対策を主な目的とした養魚

写真 48　管理の悪い海岸の養魚地。放置された海岸の養魚地にはボウフラが多い。魚はいないか，少ない。ミンダナオ。

もされている。定量的評価はないようだが、魚は水面に落ちた虫や紋枯れ病の菌核、水面近くの虫を食べるので、稲の病害虫対策に有効とされる。ユスリカやミギワバエの水生幼虫が稲を加害するのは、水田に魚がいない温帯の一部地域という。第三に、蚊の発生を抑制する。よく管理された養魚水田にボウフラはいない。水田の蚊がマラリアと日本脳炎を媒介する中国南部では、ソウギョの蚊対策効果はコイより大きいともいう。草食性だが稚魚はボウフラをよく食べ、水路で飼うと水草がなくなり、ボウフラが激減する。ザリガニは実験室ではボウフラをよく捕食する。カニやエビの養殖とボウフラについては報告がないが、よく管理された養殖水田ではボウフラは少ないだろう。

養魚は良いことばかりに見える。漁獲、稲の増産、有害動物や雑草対策、蚊対策と、一石二鳥どころか五鳥にもなる。水田養殖にとって大きな制約は農薬だが、養魚の推進者は、農薬の使用削減を目ざす総合的害虫管理（18章）が普及の追い風になると期待する。

だが問題もある。水田養殖は、はやり廃れが激しい。利益になるとなれば急速に普及するが、利益が減ればすぐに廃れる。もとの水田に戻ればよいが、管理の悪い養殖が続くときや養殖用の構造が放置されたときは、蚊発生の危険が高まる。深い溝や穴のある養殖用水田には水たまりができやすい。インドネシアで稲刈り後に魚を飼う方式では、管理の悪い養魚水田でのマラリア蚊発生が問題だった。ボウフラの隠れ場ができないように、稲を短く刈り、わらの焼却や除草をすることが推奨されたが、効果が上がらず、養魚が禁止されたこともあった。

水田養殖は利点と欠点をもつ。外来魚の養殖は、生態系保全の観点からの検討も必要である。東南アジアの海岸の村では、放置された養魚地に発生する汽水性のマラリア蚊が大きな問題である。水をためる場所をつくる養殖は、蚊媒介病を流行させる潜在的危険要因である。

12章　家畜と蚊媒介病

蚊媒介病と家畜や野生動物とのかかわり方には三型ある。病気対策を考えるうえで重要な違いである。

蚊媒介病の感染環

(1) 家畜や野生動物から感染する蚊媒介病

日本脳炎を含むウイルス脳炎（3章）がこの型である。野鳥と蚊によって維持されるウイルスでは、鶏などの家禽も感染しうる。日本脳炎ウイルスも、本来は水鳥と蚊で維持されていたが、養豚が普及すると、「豚–蚊–豚」という感染環が生じた。これらのウイルスは、感染した人から別の人や動物には感染しない。感染者は、ウイルスから見れば、出口のない袋小路である。

ベネズエラ馬脳炎ウイルスは、主に野生哺乳類と蚊で維持されているが、人への感染は、感染した馬やロバから吸血した蚊によると考えられている。リフトバレー熱も、人への感染は、感染家畜の解体や家畜から吸血した蚊による。これらの病気では「人–蚊–人」という感染の可能性も残っているとされるが、確認された例はないようである。

犬フィラリア症もこの型である。犬から犬へ蚊が媒介するが、フィラリアをもつ蚊に吸血された人が稀に感染する。猿マラリアも蚊によって人に感染することがある。いずれも、感染者から別の人や動物に感染が広がることはない。

(2) 人と動物から感染する蚊媒介病

黄熱とデング熱とマレーフィラリア症では、「動物–蚊–動物」と「人–蚊–人」の感染環がある。黄熱ウイルスとデング熱ウイルスは、森林では猿と蚊で、村や町では人と蚊で維持される。森林と人里では媒介蚊が違う。黄熱ウイルスは、森林で蚊に吸血され感染した人によって人里に持ち込まれ、人里の蚊によって人から人への感染が始まる。デング熱ウイルスは、今は人里の感染環が森林の感染環から独立し、人里の蚊と人だけで維持されている。マレーフィラリア症も、人の感染は、野生動物の感染とは独立に維持されている場合が多いと考えられている。

(3) 人だけから感染する蚊媒介病

マラリアとバンクロフトフィラリア症の病原体は、家畜には感染しない。バンクロフト糸状虫は野生動物にも感染しない。マラリアについては、猿マラリア原虫との鑑別が難しいために問題が残るが、分布が広く重要な三日熱マラリアと熱帯熱マラリアは人だけから感染する。

媒介病に限らず、人だけに感染する病原体は、感染者がいなくなればなくなる。家畜や野生動物も感染する(1)と(2)は、感染者がいなくても感染の危険がある。人への感染源となる動物は病原体保有動物、その病気は人獣共通感染症(動物由来感染症)とされる。

日本脳炎では豚、ベネズエラ馬脳炎では馬やロバ、リフトバレー熱では羊や牛などが人への感染源である。野鳥に維持されている脳炎ウイルスは家禽、マレーフィラリア症は猫にも感染しうる。しかし、マラリア、バンクロフトフィラリア症、黄熱、デング熱など、蚊が媒介する人の重要な病気の病原体には、家畜や家禽では、増殖や発育をしないものも多い。

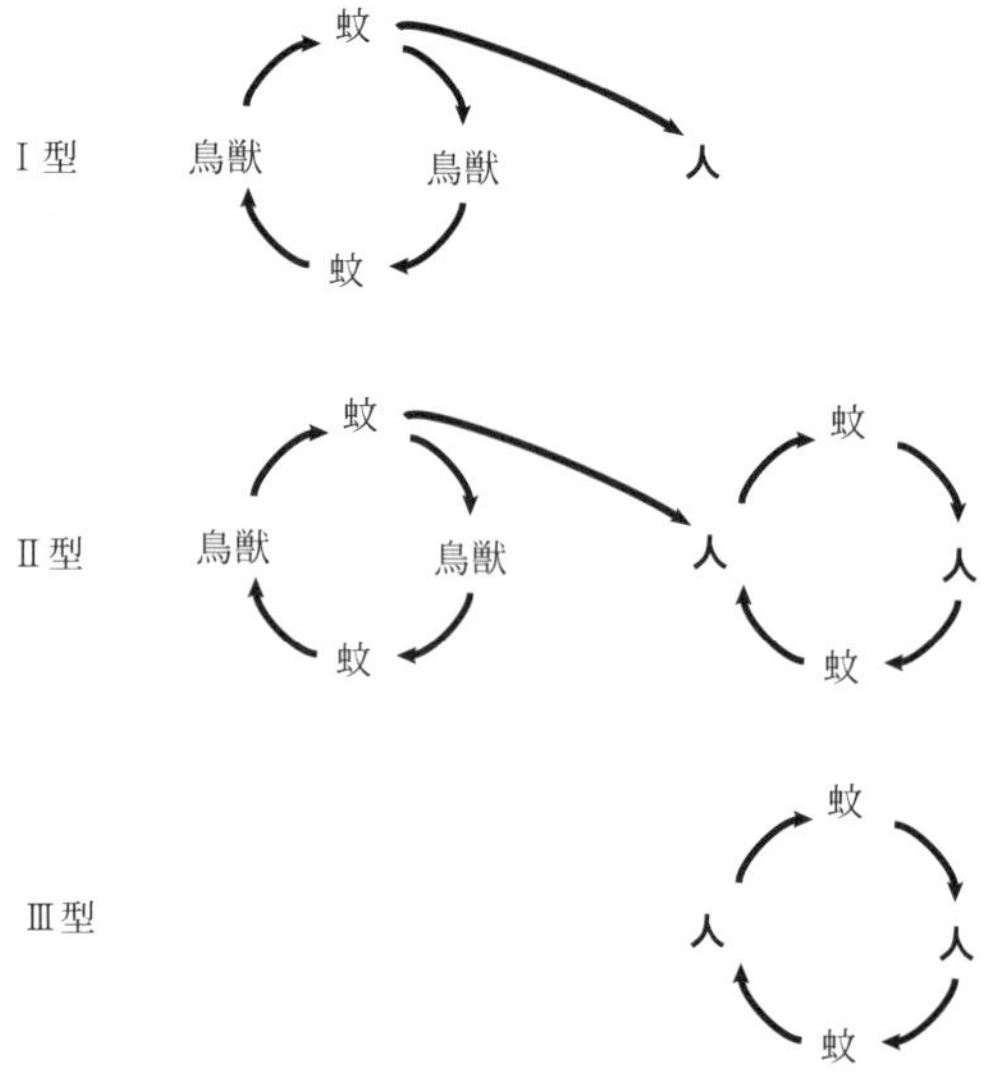

図9　蚊が媒介する人の病気の感染環。矢印は病原体の感染経路を示す。鳥獣は家畜あるいは野生動物の場合，両者を含む場合がある。

ズープロフィラクシス——動物防壁

家畜が病原体保有動物でない病気について考えよう。多くの稲作農村では、人よりも牛や豚から吸血する蚊がはるかに多い（3章）。もし家畜がいなくなると蚊媒介病は増えるだろうか、それとも減るだろうか。どちらの可能性もある。第一。家畜がいないと人から吸血する蚊が増え、病気に感染する危険も高まる（逆に家畜が増えると人の病気は減る）。第二。家畜がいないと吸血できないので蚊が減り、病気に感染する危険も減る。相反する可能性のうち、前者だけが注目されてきた。

Zooprophyraxisは動物予防と直訳されているが、本書では動物防壁と訳す。媒介者の攻撃を身近においた家畜にそらすことによって、人が吸血され感染する危険を減らすことである。今もマラリア対策の一つとして、牛や豚の活用が勧められている。起源は不明だが、人のそばにいる家畜に群がる蚊を見て考えついたのであろう。

その有効性は、二〇世紀前半にヨーロッパで強く支持された。ヨーロッパでマラリアが最も深刻な問題だった国の一つイタリアでは、豚を使えばマラリアをなくせると考えた人々がいて、動物防壁学派と呼ばれた。豚舎の数や配置や構造の工夫が必要という慎重派もいたが、蚊帳の代わりに豚をベッドの下におけばよいと主張する人さえいた。

世界的には牛が良い防壁とみなされてきた。最も頻繁に引用される事例は、南アメリカのガイアナで起こった。二〇世紀半ば、水田開発による放牧地の減少と機械化が進んだ地域で、家畜、特に牛が減り、人口が倍増した。その結果、媒介蚊が人に集中しマラリアが流行した。スリランカのマハウェリ計画でのマラリア流行（3章）の一因も、機械化による水牛の減少とされている。タンザニアでは、ダムができて農地が広がり、牛の放牧地が人家から遠くなった。その結果、人が吸血される機会が増えマラリアが増えたとされる。北部タイでは、一九六〇年代に、水牛がトラクターに取って代わられたので媒介蚊が豚に集中し、これが日本脳炎の流行拡大（3章）の原因になったという説がある。

これらの事例には共通点が二つある。第一に、いずれも潅漑農業の拡大を伴っている。水域が増えて蚊の数が増えた可能性がある。第二に、いずれも牛が減って病気が増えたという例で、牛が増えて病気が減ったという例ではない。

家畜が増えてマラリアが減ったという逆の事例は、いずれも更に昔の話である。一九世紀末から二〇世紀初めに北ヨーロッパからマラリアがなくなった原因は、家畜の増加とされている。豆の栽培によって牧草地が減り飼料が増えたので、人家近くで飼われる家畜が増えた。マラリア蚊が家畜に集中したことが、特別な対策を講じなかったのにマラリアがなくなった原因とされる。対照的に、農業の変化が遅れた東ヨーロッパやロシアでは、二〇世紀半ばになってもマラリア感染が

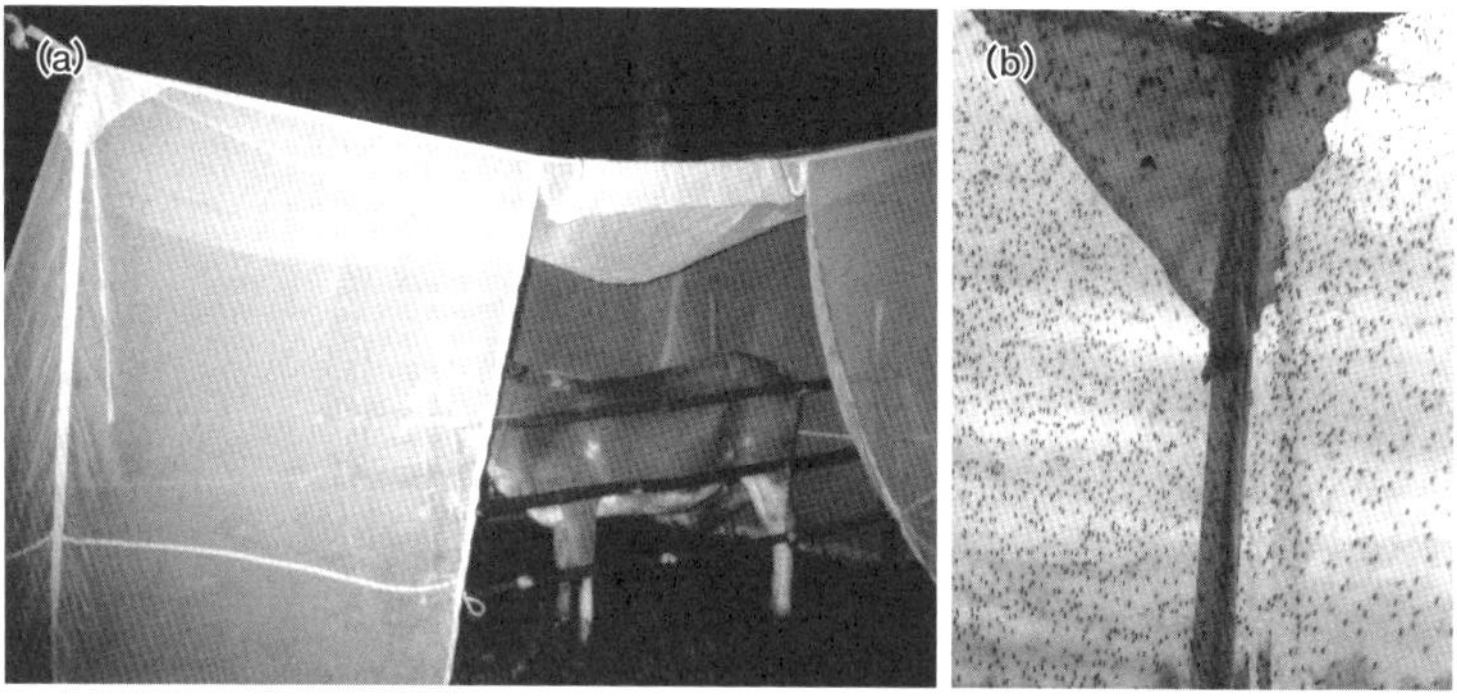

写真 49　牛の蚊誘引力。一方を開けた蚊帳に牛を入れておくと (a)，朝には吸血した蚊でいっぱい (b)。スラウェシ。

続いた。アメリカで一九～二〇世紀にかけてマラリアが減った一因も、人家近くの家畜の増加とされる。

これらの事例にも共通点がある。いずれの場合も、家畜以外の環境や人の生活も大きく変化したはずである。衛生環境や生活水準の向上は、一般的には蚊に吸血される機会を減らす。マラリアは人だけの病気だから、患者が速やかに適切な治療を受けられるようになれば減る。家畜増加がマラリア減少の一因であった可能性はあるが、その効果の大きさは分からない。

伝統的な生活様式が家畜の効果を高めているという話もある。ベトナム北部の主なマラリア蚊は、丘陵地に生息する。丘陵地の家は高床式で、階上で炊事し、家畜が床下で寝る。マラリア蚊は三メートル以下を飛び、炊事の煙も嫌うので、人がいる場所にはあまりこない。平地の稲作農民の家は平屋で、母屋の横に炊事場と家畜小屋がある。人口が増えると丘陵地に移住するが、以前と同じ様式の家を好むので、蚊に吸血されやすくマラリアに感染する。横にいる家畜は防壁としての効果が薄いことになる。

家畜、特に牛の飼育がマラリア対策として有効という考えは今も根強い。しかし、その証拠とされる事例は、いずれも大きな環境変化を伴う歴史の中で起こった。家畜を使った意図的なマラリア対策の成果ではない。

一方で、マラリア対策としての家畜の効果に疑問をもつ人も昔からいた。しかし、こちらにも理論的根拠はなく、家畜が近くにいても吸血されるという経験から、病気はなくならないと主張した。

本当に有効か

ある地域の蚊の総数が、家畜の数にかかわりなく一定であれば、動物防壁は有効であろう。総数が一定なら、家畜に向かう蚊が増えれば人に向かう蚊が減る。こうした条件を満たすのは、もともと一〇〇%の蚊が吸血していた場合、あるいは蚊の数の上限が水たまりの数や大きさで決まっている場合である。

もともと一〇〇%の蚊が吸血していたならば、家畜が増えても蚊の数は増えない。しかし、吸血には困難と危険が伴う。動物が発する二酸化炭素や臭いを蚊が感知できる距離は、せいぜい二

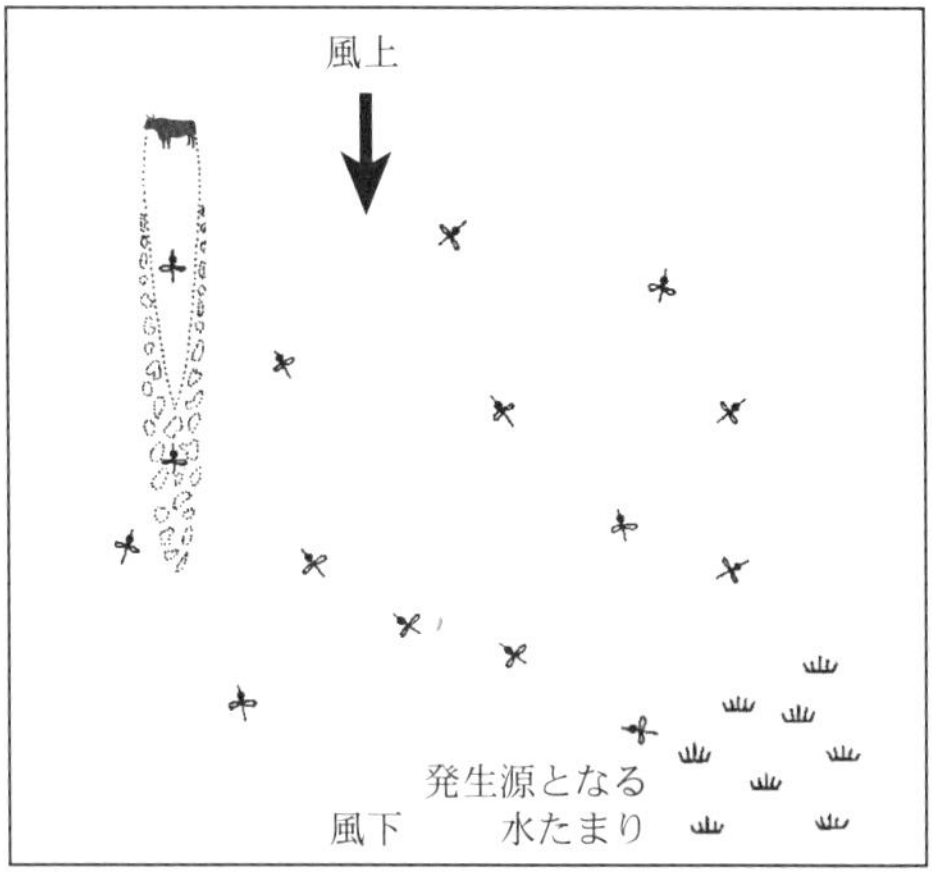

図10　蚊による吸血源動物の探索。牛の風下の網掛け部分は，蚊が牛の刺激を確実に感知できる範囲，その外側の不定形は，弱い刺激の範囲を示す。刺激を感知できる範囲に入るまで，蚊が飛ぶ方向は吸血源以外の要因で決まる。Gillies, 1972, In Canning, E. U. and Wright, C. A. eds. Behavioural aspects of parasite transmission: 69−81, Academic Press, London による。

〇メートルほどである。感知圏に入るまでは風向や風力、地形や障害物などによって飛ぶ方向が決まるので、動物から遠ざかることもある。発見後も困難と危険は続く。人は蚊帳のような防御具や殺虫剤を使う。家畜や野生動物も防御行動をする。一〇〇％の蚊が吸血することはありえない。

蚊の数の上限は、水たまりの数や大きさで決まることがある。シマカの数は、小さな容器や竹の切り株などの数や大きさで制限される。吸血率が高まると産卵数が増え、ボウフラの数も増える。しかし小さな水たまりでは餌不足や排

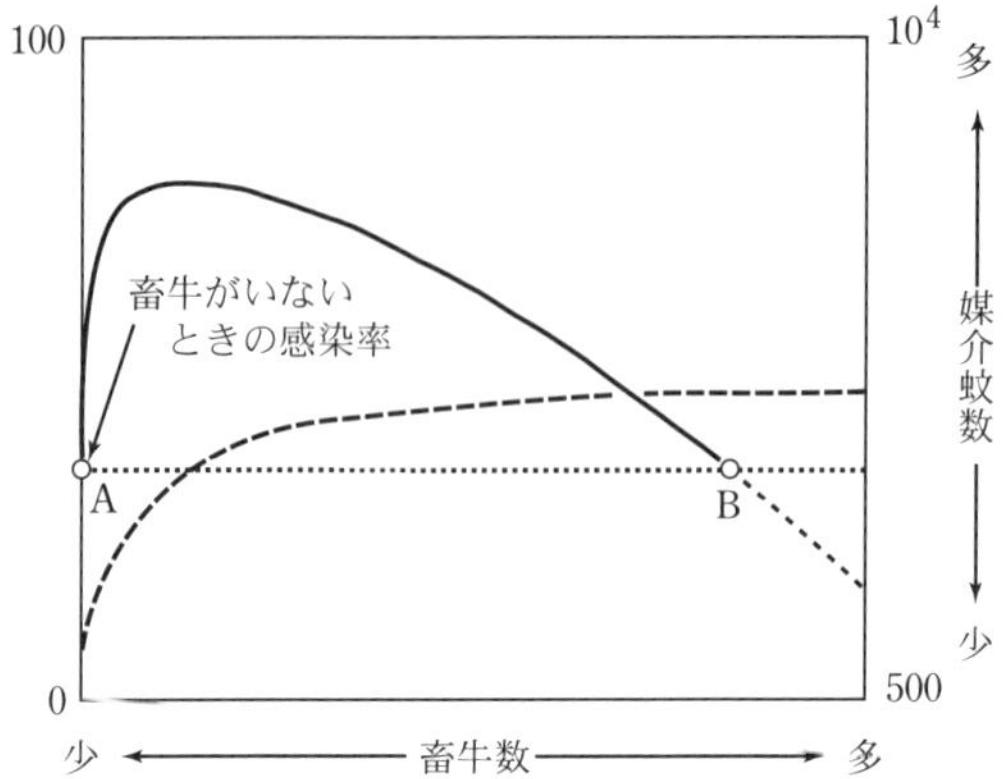

図11　牛の数とマラリア蚊数および人のマラリア感染率の関係。モデルによる計算結果の一例。牛が増えると蚊の数は増えるが，水たまりのボウフラの数が増えると過密の影響が出るので，上限がある。マラリア感染率はA～Bの範囲では牛がいないときよりも高い。Mogi and Sota, 1991, Adv. Disease Vector Res. 8: 47–75による。

泄物の蓄積による死亡率が高くなるので、育つ蚊の数には上限がある。ところが、大きな水たまりではそうした制限は働かない。特に水田は広大な水たまりである。ボウフラが増える余地はいくらでもある。家畜がボウフラの発生場所を増やすこともある。放牧地の足跡などのくぼみは、富栄養な水たまりになりやすい。

吸血は難しいが水たまりはいくらでもあるという状況で吸血しやすい家畜が増えれば、蚊の数は増える。蚊の総数が増えれば人を吸血する蚊の数も増え、病気も増えるのではないか。動物防壁は期待できないだけでなく、家畜の導入は危険を増すのではないか。実証が容易でない問題には、数理モデルによるシミュレーションが有効である。そこで、「人より牛が吸血されやすい吸血源が増えれば蚊が増える」と仮定して、マラリア流行のモデルをつくった。それまでのモデルと比べると（17章）、私たちのモデルは、吸血源として牛を含む点と蚊の数が吸血成功率に影響される点が新しかった。その結果、牛が増えると蚊の数が増え、更にマラリアも増える場合があることが明瞭に示された。

モデルの波紋

結果は一九八九年に発表された。多くの人が支持してきた「家畜はマラリアを減らす」という考えが正しくない場合があることを理論的に示したので、マラリア対策にかかわる人々に注目された。家畜と人の病気のかかわりは、農村開発での重要な問題である。家畜が感染源となる人獣共通感染症の問題はよく認識されていた。しかし、家畜が吸血されるだけで病気を増やすということは想定外だった。

問題は一九九〇年にローマのＦＡＯで開催された第一〇回ＰＥＥＭ会議の議題となり、私も参加した。保健関係者と農業関係者によって、家畜と媒介病の関係についての情報が再検討され、実証データの少なさと必要性が確認された。

私たちの予測は、パキスタンでの調査で支持された。マラリア感染率は牛が多い村で高いだけでなく、同じ村内でも、牛を所有する家族で高かった。報告者は、牛が多い地域でマラリア蚊が増える（地域影響）だけでなく、牛が多数の蚊を引き付けるので近くの人が吸血されやすくなる（同居影響）と説明した。その後の調査で、牛や山羊の同居影響が確認された。牛の同居影響は、インドネシアやフィリピンやエチオピアからも報告された。

一九九九年、ナイロビで、ＰＥＥＭと国際昆虫生理生態研究所が主催する会議が開催された。アフリカはマラリアが最も深刻な地域で、家畜、特に牛が多い。水田も拡大している。マラリア蚊として、家畜を好む種と人を好む種が混在する。アフリカで家畜の効果を評価し、利用法を検討するための研究計画策定が会議の目的だった。パキスタンで調査をしたイギリスの研究者たちも参加していた。「あの論文に刺激され仕事をし、この会議にも招聘された、大きな影響を与えた論文だ」といわれたときは、世界のマラリア対策の研究に少しは貢献できたと実感でき、うれしかった。

会議では、ケニアとタンザニアの研究者を中心に計画が

写真 50　人家の横で飼われる家畜。(a) ロンボクの水牛。(b) ケニアのコブウシ。

作成された。しかし研究費が得られず、実現しなかった。水田生態系の研究（4章）といい、私が参加する計画は、金とは縁がないようである。

どうしたらよいか

媒介病対策のために家畜をどうするべきか、結論はでていない。動物防壁が全面的に否定されないように、その有効性を改めて主張する人々もいる。スリランカでは、牛が近くにいるとマラリア感染率が低く、動物防壁が支持された。

家畜を防壁として有効に使いやすいのは、遊牧生活をする人々であろう。蚊が増えても、移動してしまっていれば被害は受けない。それでも、家畜が引き付けた蚊に近くの人が吸血される同居影響はありうる。

定住して農業を営んでいる場合、動物防壁を使うことは容易ではない。蚊が増えない場合でも、家畜の数や配置に加えて、人の生活様式も適切でないと効果は上がらない。蚊が吸血する時間に人が防壁外にいれば、効果はない。伝統的な生き方や家畜飼育法と矛盾するかもしれない。効果は風向や風力にも影響され、不安定だろう。

家畜に集まった蚊を殺せば、同居影響を軽くできるだけでなく、蚊を減らす効果も期待できる。家畜をおとりとして蚊対策に使うという考えは意外に新しい。一九八〇年代、アメリカで、

写真 51　(a) 蚊帳で囲ったタイの豚舎。(b) 昼は軒下に巻き上げる。

水田の蚊対策として研究が始まった。広大で異質性に富む水田に比べ、畜舎は小さく扱いやすい。畜舎に集まった蚊を殺虫剤で殺すと蚊を効率良く減らせるという数理モデルの予測に続いて、野外実験もされた。畜舎での蚊対策は畜産農家にも利点がある。多数の蚊に毎日吸血され続けることは、家畜の発育不良、乳や卵の生産量低下の原因になる。

しかし、家畜を利用した殺虫剤による蚊対策は普及していない。一つの大きな問題は、家畜や人への安全性である。直接的な安全性だけでなく、生産物(食品や飼料)を介しての安全性も重要である。また、殺虫剤は抵抗性の発達を免れない。殺虫剤によらないで畜舎の蚊を殺せれば最も良いが、今のところ、これという方法はない。

タイの農村では蚊帳で家畜を保護する。仏教国タイでは家畜も家族で、生産性向上が第一の目的ではない。夜、牛舎や豚舎にいってみると、蚊帳の外に蚊が群がっている。これでは吸血できない蚊が人に矛先を転じて、同居影響を引き起こす。殺虫剤以外の良い方法はないだろうか。

人以外の動物で病原体が発育や増殖をする蚊媒介病についても、理屈のうえでは、動物防壁を考えることができる。この場合、目的は、病原体保有動物が吸血される機会を減らすことである。西部馬脳炎やセントルイス脳炎を媒介するイエカが鳥を吸血する機会を減らすため、牛や犬が役立つと考えた人がいる。日本脳炎媒介蚊が豚を吸血しないように、牛を防壁にできるだろうか。今、日本では、大型家畜の中で豚が圧倒的に多い。コガタアカイエカが豚よりもよく吸血する牛が増えれば、日本脳炎対策になるだろうか。その可能性は少ないと思われる。日本脳炎が流行していた一九五〇年代には、豚は牛よりずっと少なく、馬やヤギや羊も多かった。吸血源としての豚の役割は今よりずっと小さかった。それにもかかわらず、日本脳炎は大流行していた。これらの脳炎の場合も、家畜が蚊を増やす逆効果もありうる。

水田農村の家畜は、蚊や蚊媒介病対策に利用できる大きな可能性をもつが、その潜在力はまだ生かされていない。ここでは蚊媒介病のことだけを考えたが、家畜の利用に際しては、すべての人獣共通感染症への配慮が不可欠である。家畜の管理は、人の健康の面からも、農村開発での一つの鍵になるであろう。

13章　開発以前――セラムの先住民村

昔に比べて今は良いのか

人の管理下にある水田環境での媒介蚊の生態を、いろいろの面から見てきた。5～8章では、水田環境がつくられつつある開発地での媒介蚊の生態を紹介した。それでは、開発以前はどうだったのだろうか。私たちは、時代をさかのぼるほど衛生状態は悪く、蚊が媒介する病気も今より深刻だったと考えがちだが、本当にそうなのだろうか。

移民村の建設と水田開発が進められているセラム（7章）で、今、出会う人の多くは、二〇世紀後半に移住してきた人とその子孫である。しかし、セラムの人類遺跡は一万年前の旧石器時代にさかのぼる。今につながるオーストロネシア語を話す人々がマルクに住みついたのは、四～五〇〇〇年前と推測されている。セラムには、公用語であるインドネシア語とは別の言語が三〇以上ある。私たちが見た小範囲に限っても、いくつかの言語があった。こうした固有の言語を継承する人々を仮に先住民と呼ぶなら、先住民村はセラムに広く点在する。そこでは蚊や蚊媒介病は深刻な問題なのだろうか。

今は、開発地と全くかかわりのない村はない。車道ができれば開発地と直結してしまう。開発以前の様子を知るには交通不便な村、車でいけない村を見るのが最も良い。それゆえに、水田の蚊を調べている私が、最奥の山村マヌセラ（1章）まで出かけることになった。まず低地の村から紹介しよう。

低地の先住民村

車道が通じている二つの村を訪問した。セチバクチは海岸から二キロメートル、戸数三〇余りの小村である。五〇歳代と見える村長の生誕地というから、少なくとも数十年は存在している。一九八〇年代にセラム潅漑計画が始まると、車道ができ森林が伐採され、環境が大きく変化したという。主食はサゴヤシから採るデンプンである。

コビサダールは戸数が数十ほどの海岸の村で、船着き場に近い。桟橋もなかった船着き場も、セラム潅漑計画が始まると整備され、今は客船や貨物船が桟橋に着く。入植する人たちや開発用機材の多くは、ここから入る。切れ目なく人家が密集する小村だが、中央でイスラム教とキリスト教に分かれ、モスクと教会が向かい合って建つ風景が珍しかった。

いずれの村でも、村内に人がつくった蚊の発生場所が少ないことが印象的だった。生活用水は主に井戸から得る。川沿いのセチバクチでは川水も利用する。水は豊富で、ドラム缶などに水をためる習慣はない。水を効率良く使い水はけも良いので、排水がたまる溝がない。便所はセチバクチにはなく、コビサダールでも少数であった。

セチバクチ村内に蚊の発生場所は皆無だった。コビサダールでは、使われていない浅い井戸でハマダラカとイエカ、共同物置小屋の外のドラム缶でネッタイシマカが見つかった。ネッタイシマカはセラム潅漑計画地域で唯一の発見で、この蚊の船による侵入を強く示唆する。

アンケート調査では、セチバクチの大部分の人が、「蚊は少なく蚊帳は時々使うだけ」であった。「蚊が少ない」という答えが多数派なのは、インドネシアの農村では稀である。一方、コビサダールでは、ほぼ全員、「蚊が多いので毎日蚊帳を使う」。コビサダールの周辺

写真 52　低地の先住民村。下水溝や雨水ためがない。(a) セチバクチ。(b) コビサダール。

には湿地や水たまりが多く、イエカやハマダラカが発生していた。船着き場周辺での道路建設が排水を妨げ、水たまりを増やしていた。

山の先住民村

マヌセラとマライナはセラム中央山系の中にある。村に至る車道はなく、低地の村に比べて、開発地とのかかわりは、はるかに少ない。診療所はあるが職員はおらず、看護士が年に一回巡回してくるだけである。徒歩で山中の村々を巡回する看護士も大変だ。子供たちは教会に付属する小学校で勉強する。

マヌセラは戸数約七〇、人口三〇〇足らず、マライナは更に小さく戸数五〇ほどである。主食は焼畑で栽培するサツマイモとタロイモで、蒸かして、塩と唐辛子をすりつぶしたスパイスを付けて食べる。私たちが滞在中の副食はシダやサツマイモの葉、パパイアの実

写真 53　山の先住民村。(a) マヌセラ。浅い下水溝はよく整備され，廃棄物も草もなく清潔。(b) マライナ。

写真 54　人家周辺に水ため容器はない。マヌセラ。

の煮つけで、肉は日常的には食べないようである。鶏と犬がいるが、大型の家畜はいない。

水は近くの川を利用する。炊事用水は、毎日、必要分を運んで、プラスチック容器や竹筒に保存する。効率的に使われるので排水はほとんどない。家の周りには排水たまりも捨てられた容器もなかった。村長家には清潔な便所があったが、来客用らしく、普段は使われていないようであった。マヌセラでもマライナでも、村内に蚊が発生できる水たまりはなかった。

村の周辺では、バナナの葉の付け根や竹の切り株のたまり水にヤブカのボウフラがいた。しかし、大きな切り株がたくさんある竹林にいても、吸血されなかった。人の血を好む蚊がいないのである。川の縁や少数の水たまりにはイエカが少しいたが、ハマダラカは発見されなかった。一週間の滞在中、四人の日本人に飛来した蚊は一匹だけで、それも刺さずに飛び去った。

私たちは乾季の様子を見た。マヌセラは乾季と雨季の違いが少なく、乾季でも少し雨が降るし、逆に雨季でも極端に雨は増えない。私たちより一〇年以上前、日本の植物調査隊が、マヌセラを含むセラム山中の村を雨季に訪れている。メンバーの一人によれば、蚊に悩まされたことはなかったという。

アンケート調査は難しかった。はにかみ屋で逃げてしまうので、答えてくれたのは、それぞれの村で二〇名ほどである。驚いたことに、全員が「蚊は問題ない」と答えた。インドネシアの他の村では、「問題なし」と答える人は稀だった。

マラリアに感染したことがあるという人も少数いたが、発熱などに基づく自己診断である。村の高度は七〇〇メートル以上ある。日中の気温は三〇度を超えるが、明け方は一五度くらいまで下がることもある。低温はハマダラカやマラリア原虫の増殖力を低下させる。しかし高度一四〇〇〜一五〇〇メートルにあるイリアンジャヤ高地の村でも、ハマダラカがマラリアを媒介する。イリアンジャヤでは、政府提供の新たな村と家に住むようになってから、マラリア感染率が上がった。家の周りの排水溝がハマダラカの発生場所になったこと、炊事棟を分けたので煙の防蚊効果が減ったことが原因とされた。伝統的な草葺(くさぶき)屋根は雨水を吸い取るが、トタン屋根では軒下に排水溝がいる。生活改善のための新しい家の提供は、少なくとも短期的にはマラリアを増やした。マヌセラとマライナでマラリアが問題でないのは、気温の影響だけではないだろう。

共通の特徴

セラムでの調査は五年計画で、もっと多くの先住民村を訪ねたいと思っていた。陸路のない海岸の村にもいきたかった。ところが、三年で中止せざるをえなかった。アンボンで突発したイスラム教徒とキリスト教徒の対立が拡大し、セラムにも波及した。マルクは封鎖され、戒厳令下に近い状態におかれた。

私たちの見た先住民の村は少数だが、三つの共通点がある。第一、戸数も人口も少ない小集落である。いずれも戸数は一〇〇以下であった。第二、水利が良い。川が近いか、井戸水が豊富である。その結果、人家内外に水をためる容器が少ない。雨水ためはどこにもなかった。第三、人家からの排水が少ない。川で洗い物や行水をする。便所はないか、あっても少ない。炊事は家の中でするが、水を効率良く使い、たまるほどの排水は出ない。家の周りに排水がたまった溝がない。

インドネシアの人々は、昔からの慣習によって環境を管理してきた。水は最も重要な資源とされ、汚すことはタブーであった。しかし人口が増えれば環境悪化を防げない。マヌセラとマライナは同じ川の上流と下流を利用していたが、深山の川にしては富栄養で、清流とは言いがたかった。私たちも川で洗顔や行水をしたが、特に流れが弱い所は汚れが目立った。村人が、多い病気としてあげたのは下痢だった。更に人口が増えたら、今の生活環境を保てないだろう。しかし村には自己調節力がある。分村や移住をすれば生活環境を回復できる。水田を伴う日本の村を見ていると、村は先祖代々続くものと思ってしまうが、焼畑農耕はもともと移住農耕でもある。セラムの人たちも、必要になれば移住や分村をするらしい。

生活環境を維持するうえで大きな問題は、島外からの移民を伴う開発が進み、良い移住場所が少なくなることであろう。四年前にコビサダールから分かれて、新しい村をつくった人たちがいると聞いた。なぜ分かれたのか、移住先はすぐ見つかったのか、求めていた生活環境だったのかなど、知りたいことは多く、次の訪問目標だったが、これも、マルクの治安悪化で実現しなかった。

先住民村の特徴は移民村と対照的である。移民村は戸数も人口も多い。五〇〇戸ほどが一年くらいの間に一挙に入村する。若い夫婦と子供という家族構成が多く、一家族四人とすれば二〇〇〇人になる。水利も悪い。川が近いのは恵まれた村である。川があっても、五〇〇戸の人が利用すれば、大河でない限り汚染されてしまう。井戸の位置は、碁盤目に従って機械的に決められる。干ばつの一九九七年には、新しい入植地のほとんどの井戸が涸れていた。雨水ためは必須である。水をふんだんに使うジャワやバリの生活に慣れているので、排水が多く出る。人家の周りには必ず排水と雨水が混じった溝がある。膨れ上がった人口に下水道整備が追いつけない都会の原型がある。村の周りも人造の水たまりだらけである。車道や水路はいろいろな水たまりをつくり出す。水田は水たまりそのものである。

先住民村を見た目で改めて移民村を見ると、人が蚊を発生させていることがよくわかる。蚊やその媒介する病気については、「今は昔より良い」、「将来は今より良くなる」とは、決していえないのである。

第二部　開発の中の媒介病と寄生虫病

――過去とこれから

スラウェシ島の移民村カダイラでの採血によるマラリア検査

14章　感染症の起源

農業以前の感染症

先住民村といっても、セラムの人たちの生活は、基本的に私たちと同じである。へき地とはいえ、すでに外の社会に組み込まれている。今では外部と交流のない生活は考えられない。外からの影響が及ぶ以前の先住民村には、どのような感染症があったのだろうか。媒介病は深刻な問題だったのだろうか。そのような村は、おそらく今のインドネシアになく、過去にされた調査もない。

最もよく分かっているのは南アメリカである。アマゾンの原生林の中には先住民部族の集落が点在していた。集落の人口は三〇〇ほど、部族間の距離は二〇〇キロ以上もあった。それぞれの部族の人口は少なく、一部族・集落の場合も多かった。初期的な農業を伴う狩猟採集生活で、半定住的な生活をしている場合が多かった。外の世界に対してだけでなく部族間でも敵対的で、よほど人口が減ったとき以外は交流がなかったといわれる。

そこでの感染症は四型に大別される。第一は、人から人に感染し、感染率は高いが症状は軽く慢性的な病気である。感染しても自覚症状がなく、病気とはいえない場合もある。生活上の大きな支障や死亡の原因にならない。感染して免疫ができても、病原体は人体内に潜み、再発して新たな感染を起こすこともある。トレポネーマは梅毒の病原体だが、アマゾンの先住民では、そうした症状なしに維持されていた。このような病原体と人のかかわりは、極めて長い歴史をもつと考えられる。第二は、野生動物から人に感染する病気である。人獣共通感染症（12章）に該当し、症状の強さはいろい

表11　アマゾン先住民村の感染症。ぜん虫は吸虫と条虫と線虫の総称。ヘルペス，マヤロ，トレポネーマは病原体の名前。マヤロは猿が保持するウイルスで，蚊が媒介すると考えられている。レプトスピラとトキソプラズマはいろいろな動物に保持され，皮膚の傷や飲食物から感染する。トレポネーマは梅毒の病原体だが，ここでは弱毒性のものをさし，ない集落もある。黄熱ウイルスは猿が保持するが，最初はアフリカから奴隷貿易によって持ち込まれた。Kaplanほか, 1980, Am. J. Trop. Med. Hyg. 29: 298−312や，Black, 1975, Science 187: 515−518，およびBlack, 1980, In Stanley, N. F. and Joske, R. A., eds. Changing disease patterns and human behaviour: 37−54, Academic Press, Londonなどからまとめた。

病原生物	もともとあった病気		外部から入ってきた病気	
	慢性・感染率高い	動物から感染	慢性	一過性の流行
ウイルス	ヘルペス	黄熱 マヤロ	B型肝炎	麻疹（はしか） おたふくかぜ 風疹 インフルエンザ 急性上気道感染症 ポリオ 天然痘 デング熱
細菌	トレポネーマ（弱毒）	レプトスピラ症	結核	
原虫		トキソプラズマ症	三日熱マラリア アメーバ赤痢	熱帯熱マラリア
ぜん虫		消化系寄生虫症（一部）	オンコセルカ症 消化系寄生虫症（一部）	

ろである。人から人へ感染する可能性がある場合も、現実の感染は動物からと考えられる。病原体保有動物に接した人だけに感染するので、一般に感染率は低いが、どの集落にもある。これらの二型は、外部社会と接する以前から存在した。集落を消滅させるほどの影響はない。

これに対して、三型と四型は、外の世界に接してから導入された病気である。病原体が持ち込まれる機会の有無によって、ある集落とない集落がある。いずれも人から人に感染する。三型は、年齢とともに感染率が上がっていく慢性的な病気である。慢性的といっても、一型に比べて症状は強く、致命的にもなる。四型は症状が急性で激しく感染力も強い病気である。持ち込まれると速やかに集落内の人々に広がり、強い病原性によって集落が消滅してしまう場合もある。生き残った人々が強い免疫を獲得すると、逆に病原体が消滅してしまう。

森林の猿と蚊によって維持されている黄熱（12章）は二型とされているが、もともとはアフリカから奴隷貿易に伴って持ち込まれたので、外の世界からきた病気である。人里で発生する媒介蚊がいると人から人への感染が起こるが、アマゾン原生林内の集落では、人里の蚊がいないので、人から人への感染は続かない。

アマゾンの先住民集落では、外から持ち込まれた病気がとても多い。症状が激しく人から人に感染する病気は、すべて外部起源である。

人口増加が感染症を生む

人から人に感染する症状の強い病気は、なぜなかったのだろうか。持ち込まれた病気は、いつどこで生まれたのだろうか。

感染力が大きく死亡率が高い病原体は、人集団が大きくないと存続できない。集団が小さく孤立していると、別の集団に感染を広げる前に集団が消滅し、病原体も絶えてしまう。生き残った人が強い免疫を獲得して再感染しない場合も、同じことになる。集団内の全員が免疫をもてば新たに感染できないので、病原体は存続できない。

このような病原体の存続に必要な集団の大きさは、病原体の感染力だけでなく、感染機会の多少を決める環境条件にも依存する。一概にはいえないが、少なくとも一〇万の単位と思われる。例えばアメリカで麻疹（はしか）ウイルスの存続には、二五～五〇万の集団が必要と推定されている。これほどの集団は狩猟採集の時代にはありえない。狩猟採集から農業への移行が始まった約一万年前の世界人口が五〇〇万余りといわれる。人類が新大陸に分布を広げたころでもある。今の人口の一〇〇〇分の一にすぎず、人は三〇〇人以下の小集落で生活していたと考えられている。

人口の増加と一カ所への集中は、数千年前、メソポタミアで潅漑農業が始まってから可能になった。最古の都市といわれるインダス河下流のモヘンジョダロの人口が三～四万とされる。人口一〇万単位の都市の出現は紀元前後で、二〇〇〇年の歴史しかない。人口数十万の都市が出現するのは一八世紀ころで、三〇〇年の歴史しかない。

農業、特に潅漑農業による人口増加と定住生活が、人から人に感染する強い病原体の進化を可能にした。それでは、最も重要な蚊媒介病であるマラリアは、いつ、どこで、どのようにして生まれたのだろうか。

農業がマラリアを広めた―三日熱マラリア

猿には慢性型のマラリア原虫が寄生する。アフリカの猿には少なく、東南アジアで種類が多い。人のマラリアと区別が難しいほど似た種がいて、森林に入った人に感染することがある。

人の慢性型マラリアの病原体である三日熱マラリア原虫が猿のマラリア原虫から進化したのは、氷河時代の最盛期をすぎた一五〇〇〇年前以後とする説がある。それ以前にインドネシアの島々を経てオーストラリアに至った先住民アボリジンは、一八世紀以降に白人が持ち込むまで、マラリアをもたなかった。この説では、三日熱マラリア原虫の進化と分布拡大を次のように推測する。

氷河時代、東南アジアは今よりも乾燥し、サバンナ的環境が拡大していた。人の遺跡もそうした環境から見つかる。人が森林の猿と接する機会は少なかった。

写真 55　森林内の水たまり。パラワン。

温暖化とともに熱帯雨林が拡大し、人も森林に住みついた。この時代の典型的な遺跡は、森林内の川に近い洞窟である。ダイラスハマダラカの仲間は人と猿から吸血し、そのボウフラは森林内の水たまりに発生する。そうした環境で、猿のマラリア原虫が人に移行して、三日熱マラリア原虫になった。三日熱マラリアは慢性型なので、狩猟採集民の小集団でも存続することができたであろう。ダイラスハマダラカの仲間は、今も森林地域の村でマラリアを媒介する。

紀元前四〇〇〇年ころから農業が始まり、より開けた環境に集落をつくって暮らすようになった。ダイラスハマダラカだけでなく、日が差し込む緩やかな流れの縁から発生するコガタハマダラカやマキュラトスハマダラカも媒介者になり、安定した感染が維持されるようになったであろう。東南アジアの丘陵地では今もこの形が続いている。

定住しない狩猟採集から移動の少ない農業への変化は、三日熱マラリアの感染率を高めたであろう。二〇世紀半ばのボルネオで、稲栽培をする焼畑農耕民クニャーのマラリア感染率は四〇～六五％で、移動性狩猟民プナンの六～一二％より高かった。

東南アジアの平野部で稲作が急速に普及したのは、三〇〇〇年前以後のこととされる。それに伴い、媒介蚊は平野の村や水田に適した種に置き換わり、マラリアは中近東まで広がったと推測されている。ミャンマー以西の媒介蚊では、キュリシファシハマダラカとステフェンシハマダラカが特に重要である。草原や湿原は大型草食動物の棲み場所であった。平地での媒介蚊には、人よりも家畜の血を好む種が少なくない。森林や丘陵地の媒介蚊に比べて媒介効率が低い場合でも、数が多いと重要な媒介者になる。

農業がマラリアと媒介者を生んだ ― 熱帯熱マラリア

劇症型の熱帯熱マラリア原虫はチンパンジーやゴリラのマラリア原虫と近縁である。しかし、人に寄生する種だけが劇症型である。チンパンジーやゴリラのマラリア原虫と熱帯熱マラリア原虫は、東南アジアの猿のマラリア原虫とは違いが大きく、鳥のマラリア原虫に近い。

熱帯熱マラリア原虫の起源については二説ある。一つは農業開始後に鳥から人に移行した新しい病原体で、そのために症状も激しいという説である。もう一つは、人と類人猿が分化する以前の共通祖先から引き継がれてきたとする説である。この説では、狩猟採集時代は慢性型であったマラリアが、焼き畑農業が始まり人口が増え村に定着するようになってから、劇症型へ進化したと考える。この説を裏づけるように、森林に住み狩猟採集生活を続けてきたピグミーは、劇症型のマラリアをもたなかったとされる。起源については新旧の二説があるが、いずれも、劇症型の出現と農業開始を関連させている。

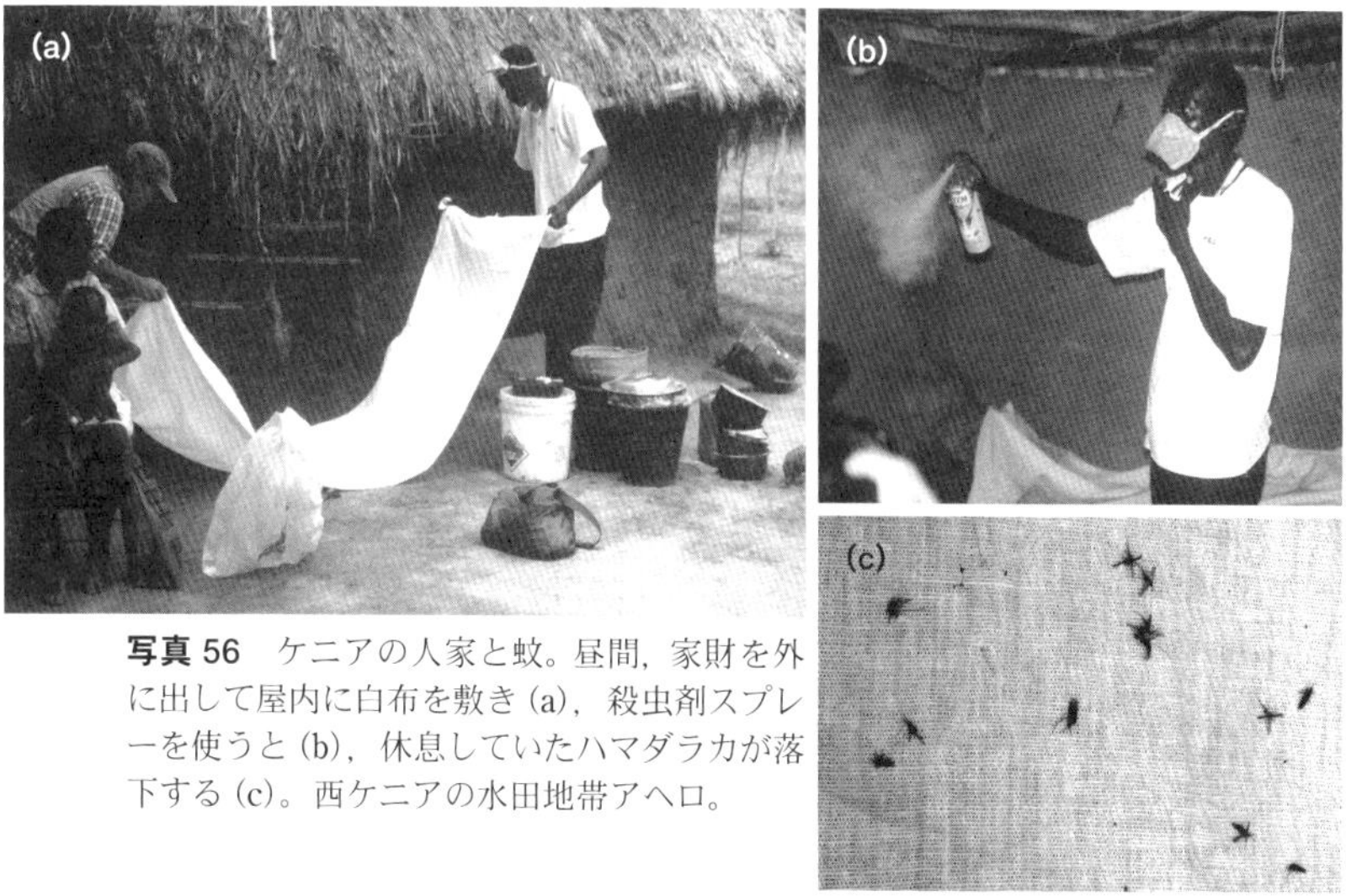

写真 56　ケニアの人家と蚊。昼間，家財を外に出して屋内に白布を敷き (a)，殺虫剤スプレーを使うと (b)，休息していたハマダラカが落下する (c)。西ケニアの水田地帯アヘロ。

アフリカで最も重要なマラリア蚊はガンビアハマダラカである。この蚊は人が大好きである。人家に入って吸血し、昼間も人家内に潜む。ボウフラは人家近くの水たまりに発生する。人が焼畑を始めてから、西アフリカの熱帯雨林地帯で進化したと考えられている。伐採後の開放地には、日がよく当たる水たまりができる。熱帯雨林にはなかった新しい型の水たまりである。そうした条件で、人とともに生きる蚊が生まれたのであろう。定住性農耕という新しい

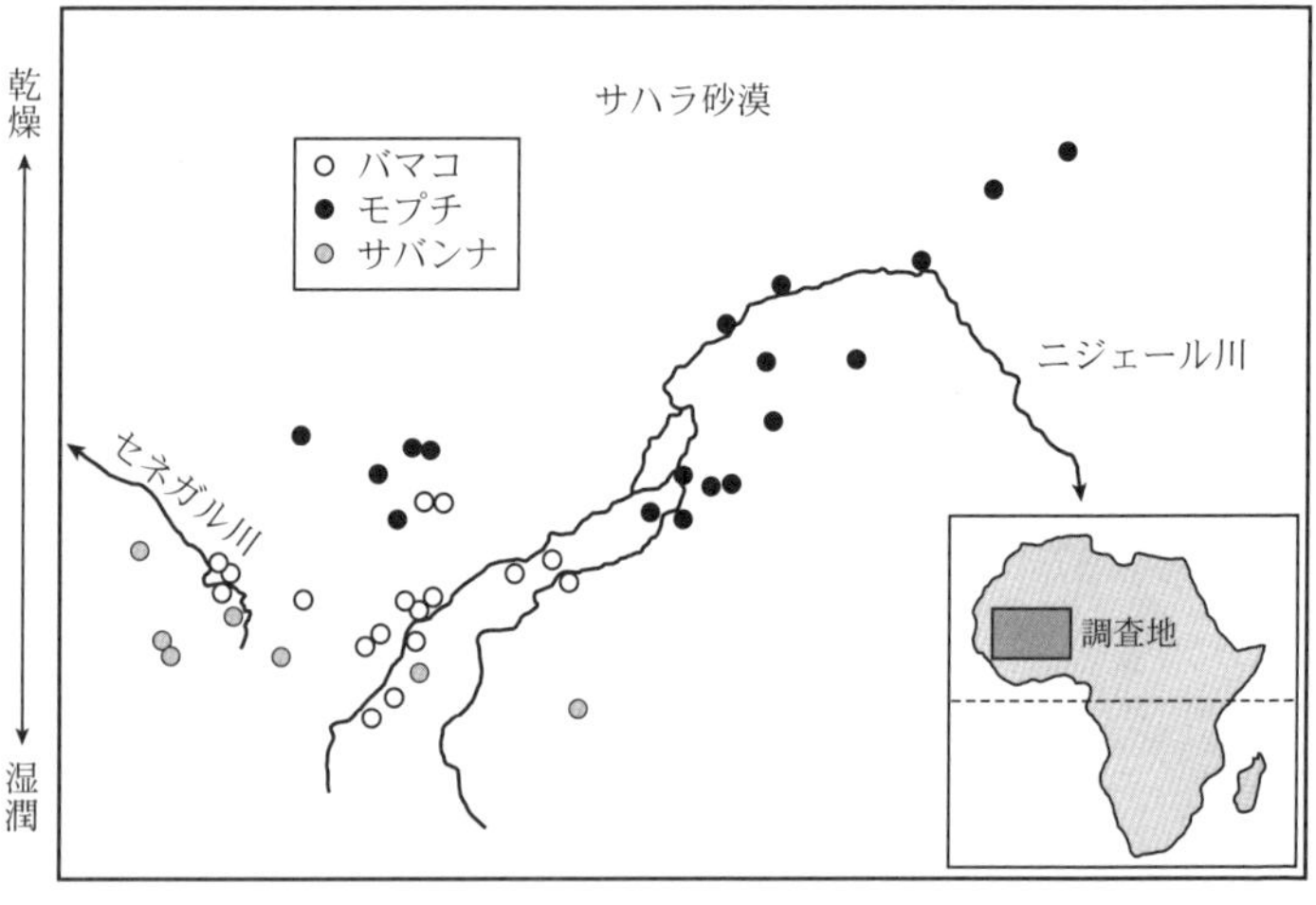

図12　マリでのガンビアハマダラカ3型の分布。実際には2型あるいは3型が混じっている地点が多いが，この図では，バマコを少しでも含む地点はバマコの分布地，バマコを含まない地点については，モプチとサバンナのうち多い型の分布地として示した。そのため，実際の分布に比べて，バマコは強く，サバンナは弱く表されている。Powellほか, 1999, Parassitologia 41: 101–113による。

生活様式が、新しい媒介蚊と新しい病気を生み出したと推測されている。

ガンビアハマダラカの進化は今も進行中で、環境に応じて異なる染色体型に分化している。実験的交配では生殖力のある子孫ができるが、自然界での交雑は稀である。祖先型に近いサバンナ型は雨依存で、雨季と乾季があれば雨季に増える。この型はサハラ以南に広く分布する。バマコ型も雨依存で、ニジェール川の縁や河床の水たまりに発生する。一方、モプチ型は灌漑依存で、一年中発生する。この型はサハラに近い乾燥地に棲み、ボウフラは灌漑による水たまりに発生する。ビサウ型はガンビアとセネガルの水田に棲む。森林の伐採から生まれたガンビアハマダラカは、灌漑という人為条件を利用して、更に乾燥した環境に適した蚊を生み出しつつあるようだ。

媒介病は新興感染症

近年、遺伝子配列の比較による、病原体の進化に関する研究が進んできた。昆虫やダニの媒介で哺乳類や鳥類に感染する今の多様なウイルスの出現と分散が始まったのは今からさかのぼって一万年以内、日本脳炎、デング熱、黄熱などの蚊媒介病ウイルスの分化は三〇〇〇年以内と推定された。デング熱ウイルスが四型に分化したのは一～二〇〇〇年前だが、世界中に広がり爆発的な遺伝的多様化が始まったのは二〇〇年以内のことらしい。すさまじい流行が歴史に残るノミ媒介性のペストの出現も、一五〇〇年ほど前である可能性があるという。

昆虫やダニが媒介するウイルスの分化が、わずかに一万年前、氷河期が終わってから始まったという推定には驚かされる。氷河期後の環境の激変に伴い、宿主である哺乳類や鳥類、媒介者である昆虫やダニ、それぞれの分布や数が大きく変わり、生物界が再編成される中で、今のウイルス群がつくられてきたということかもしれない。それぞれの病原体を進化させた条件は違うであろう。共通なのは、人口増加とそれに伴う環境変化が、人への病原性が強い病原体と、人とともに生きる媒介動物を繁栄させてきたと考えられることである。

二〇世紀後半には、エイズをはじめ、いろいろな感染症が新たに出現した。二〇〇三年にはサーズが世界を震え上がらせた。二〇〇四年からは、鳥インフルエンザの人型への適応が心配されている。地球上にひしめく人と家畜や家禽は、病原体にとって願ってもない餌であろう。

しかも、人は媒介動物に対しても親切だ。蚊の場合を考えてみよう。人は餌として吸血されるだけでなく、身の回りにいろいろな水たまりをつくり出す。蚊による吸血被害は、町や村の中より、自然の中で大きいというのも一つの偏見である。「自然」といっても、実際には、人手が加わった環境（環境省の植生自然度でいえば7およびそれ以下）である場合も少なくないと思われる。

もちろん、人の影響が極めて少ない環境で蚊に悩まされることもある。湿潤と乾燥の変動が大きい湿地では、しばしば蚊の大群に襲われる。地域は熱帯から寒帯まで、植生は木（湿地林）あるいは草、水は淡水あるいは汽水と多様だが、共通点は、水たまりの数や大きさや水質が大きく変動することである。こういう水たまりから発生するヤブカやプソロフォラ（ヤブカに似た性質の南北アメリカの蚊）などは、餌のえり好みも比較的少ないようだ。普段は野生動物から吸血する蚊も、人が近くにくると激しく襲うので、大発生している所に出くわすと、ひどい目にあう。寒帯や亜寒帯では、短い夏の間に、水たまりからいっせいにヤブカが発生する。その襲撃のすごさについては、本当かと思いたくなる話がいくつもある。

しかし、一般的には、人跡のない原生林内で蚊に刺されることは意外なほど少ない。森林内でマラリアを媒介するダイラスハマダラカはむしろ珍しい例である。マレーシアの植物研究者から尋ねられた。「森の中では蚊に刺されないのに、家の庭ではなぜこんなに刺されるのか」。答えは明瞭である。庭や住宅地には水たまりが多いうえ、そこから発生する蚊は人の血が好きなのだ。人間がつくった環境では、人造の水たまりと人血を好む蚊が生まれ、蚊媒介病が流行する準備が整う。新興感染症に比べるとマラリアは古い病気である。しかし少し長い時間で見れば、マラリアも人がつくり出した新興感染症である。古顔の新興感染症ということだ。

人口増加とそれに伴う環境変化が新興感染症を生む。農業開始後に生まれた感染症が累積し、今の感染症群ができ上がった。新たな感染症の出現は続いている。第一部で見た水田開発と蚊媒介病のかかわりも、そうした大きな流れの一こまである。人の生活や環境が変化する限り、新しい問題は絶えないであろう。開発と感染症のかかわりは、古くて常に新しい問題なのである。

15章　水資源開発と感染症 ── 特にアフリカの事例

TDR

開発と媒介病や寄生虫病とのかかわりは、水田に限定しないと、更に広い。大きな環境変化をもたらす大規模な水資源開発は、ほとんどすべての感染症に、直接、間接に影響する。

WHOは、一九七五年、熱帯病をなくすために、「熱帯病の研究と技術養成のための特別計画」TDRを開始した。世界銀行と国連開発計画UNDP（二〇〇三年に国連児童基金UNICEFも参加）の支援で始まったこの計画は、当初、二〇〇〇年を目標達成年に掲げていた。しかし、なくすことに成功した病気はまだなく、新たな病気が対象に追加され、今も続く。対象になっている病気はすべて感染症で、ハンセン病と結核以外は、昆虫による媒介あるいは中間宿主である貝を介して感染する。ハンセン病と結核（細菌）、デング熱（ウイルス）以外の病原体は寄生虫である。熱帯での、媒介病や寄生虫病の問題の大きさと対策の難しさがよく分かる。

感染に関係した動物の中で、蚊・ブユの幼虫と貝は水がなければ生息できない。ブユの幼虫の

表 12　WHO による「熱帯病の研究と技術養成のための特別計画 (TDR)」の対象。病原生物の多くは複数種を含む。分布での「全世界」は特定の大陸に限定されないという意味で，主に熱帯をさすが，リーシュマニア症のように温帯の乾燥地域を含む場合もある。

病名	病原生物	媒介者 (媒) または中間宿主 (中)	分布
デング熱	ウイルス	蚊 (媒)	全世界
結核	細菌	なし	全世界
ハンセン病	細菌	なし	全世界
マラリア	原虫	蚊 (媒)	全世界
リーシュマニア症	原虫	サシチョウバエ (媒)	全世界
アフリカトリパノソーマ症	原虫	ツェツェバエ (媒)	アフリカ
シャーガス病	原虫	サシガメ (媒)	中南米
住血吸虫症	吸虫	淡水貝 (中)	全世界
リンパ系フィラリア症	線虫	蚊 (媒)	全世界
オンコセルカ症	線虫	ブユ (媒)	アフリカ・中南米

主な棲み場所は、比較的自然度の高い川のような流水である。吸盤で水草や岩に付着するので急流でも流されない。ダムができるとブユ幼虫が棲む渓流は一般に減る。一方、蚊と貝は主にたまり水に棲む。ダムや灌漑施設はたまり水を増やす。そのため、熱帯での水資源開発では、マラリアと住血吸虫症が特に大きな問題になってきた。主な蚊媒介病については3章で触れた。

住血吸虫症

人に寄生する住血吸虫五種は、分布や寄生部位が異なる。アジアや中南米では一地域に一種だが、アフリカの多くの地域では二種が共存する。消化系寄生種による症状は重く、死亡率も高い。かつては日本にも日本住血吸

表13　媒介者や中間宿主と水の関係。貝は住血吸虫の中間宿主である貝をさす。ツェツェバエ成虫の生息環境は種によって異なる。おおまかな目安で，蚊やブユの成虫には水辺から遠い場所まで飛ぶ種もいる。表12にあげられた媒介者のうち，サシガメは成虫も幼虫も水域とは無関係。Birley, 1989（参考文献に掲載）を改変。

水との関係	貝	蚊	ブユ	ツェツェバエ	サシチョウバエ	サシガメ
全生活環が水中	○					
幼虫が水中		○	○			
幼虫が湿土				○	○	
成虫が水辺		○	○	○		
成虫が水辺以外の環境				○	○	○

表14　人に寄生する住血吸虫。西アフリカ住血吸虫は*Schistosoma intercalatum*をさす。

種類	寄生部位	分布（括弧内は過去の分布）	主な中間宿主貝
日本住血吸虫	消化系	中国・フィリピン・スラウェシ（日本）	*Oncomelania*属
メコン住血吸虫	消化系	カンボジア・ラオス	*Tricula*属
マンソン住血吸虫	消化系	アフリカ・マダガスカル・中近東・中南米	*Biomphalaria*属
西アフリカ住血吸虫	消化系	西～中央アフリカ	*Bulinus*属
ビルハルツ住血吸虫	泌尿器系	アフリカ・マダガスカル・中近東	*Bulinus*属

表15　生態と形態による淡水産巻貝のグループ。*Oncomelania*の中で日本住血吸虫の中間宿主である種は捕食魚に弱いと説明されている。灌漑などで人為的水たまりができると，自然分布地より乾燥した地域にも分布が広がる。Jobin, 1999（参考文献に掲載）による。

形態	例	乾燥耐性	捕食魚耐性	自然分布地の気候	
				年雨量 (mm)	乾季月数
殻は硬く蓋をもつ					
円盤形	*Marisa*	低い	中間	1,500以上	0～2
球形	*Ampullaria*	低い	高い	1,500以上	0～2
尖塔形	*Oncomelania*	低い	高い	1,000～2,500	0～7
殻は軟らかく蓋はない					
円盤形	*Biomphalaria*	中間	中間	500～1,500	5～10
球形	*Bulinus*の一部	中間	中間	200～1,000	7～10
尖塔形	*Bulinus*の一部	高い	低い	200以下	10

虫症の流行地があった。ビルハルツ住血吸虫は膀胱などに寄生し、症状は比較的軽く死亡することはない。本書では、ビルハルツを膀胱住血吸虫、その他を腸住血吸虫と呼ぶ。膀胱住血吸虫は人だけの寄生虫だが、腸住血吸虫は他の哺乳類にも寄生する。特に日本住血吸虫は牛馬、犬や猫、野ネズミなど宿主が多く、対策を難しくする一要因になっている。

住血吸虫は、幼虫が淡水産の貝の体内で育つので、発育に適した貝（中間宿主）がいる所にだけ生息する。貝から出た幼虫は水中で待機し、水に触れた皮膚から侵入する。感染する幼虫は〇・二ミリほどだから、水中にいても分からない。中間宿主になる貝は、住血吸虫の種類に

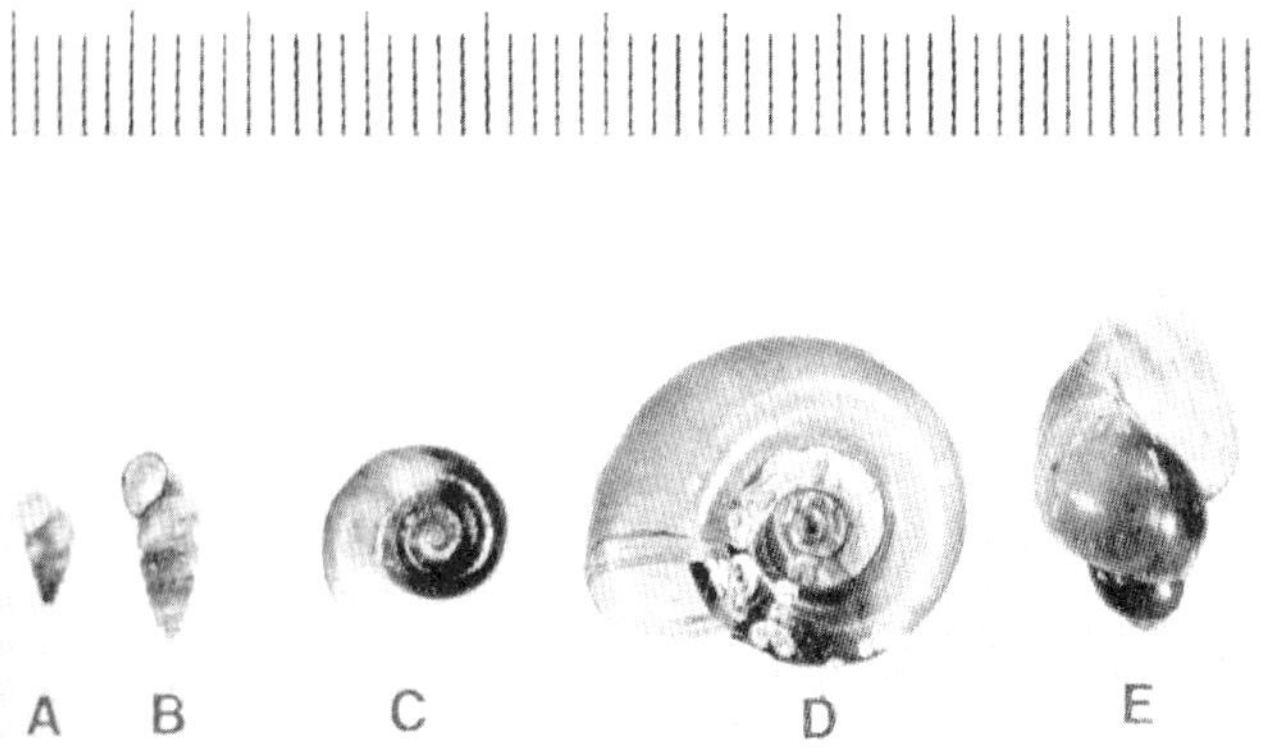

写真 57　住血吸虫の中間宿主貝。左2種はオンコメラニア属で日本住血吸虫，中央2種はビオンファラリア属でマンソン住血吸虫，右はブリヌス属でビルハルツ住血吸虫の中間宿主。最小目盛りは1mm。（多田功ほか編『エッセンシャル寄生虫病学 第3版』，医歯薬出版，1999，p.105より許可を得て転載）

よって異なる。ジョビンによる淡水産巻貝のおおまかなグループ分けでは、アフリカでの住血吸虫の中間宿主貝は乾季が長い地域に生息する。水資源開発により、貝に適した水域や人と水との接触機会が増えると、感染が起こりやすくなる。

水資源開発に伴う健康問題について、アフリカでの三事例を、主にジョビン著『ダムと病気』を参考にして紹介する。二例では、住血吸虫症が大きな問題になった。アフリカの乾燥地では、水資源開発の環境への影響が極めて大きく、分かりやすい。

セネガル川開発

西アフリカの大河セネガル川はギニア山地に発し、マリ西部を経た後、セネガルとモーリタニアの国境を形成し、大西洋に注ぐ。全長一八〇〇キロ、四ヵ国にまたがる流域は二九万平方キロに及ぶ。上流域以外は年雨量五〇〇ミリ以下で、七〜一〇月の雨季に集中する。

開発以前、乾燥地にありながら、セネガル川流域の人口密度は高く、二〇〇万弱の人々が住んでいた。彼らは年一度のセネガル川の氾濫を利用した生産システムに従い、半遊牧的な自給自足の生活を送っていた。作物栽培と牧畜と漁業が合理的に組み合わされ、雨季には稲も栽培された。氾濫時に保水層に保たれた水は飲用に適した井戸水になった。

一九七〇年代、干ばつとそれに伴う飢餓が深刻な問題になってきたので、水資源開発が計画

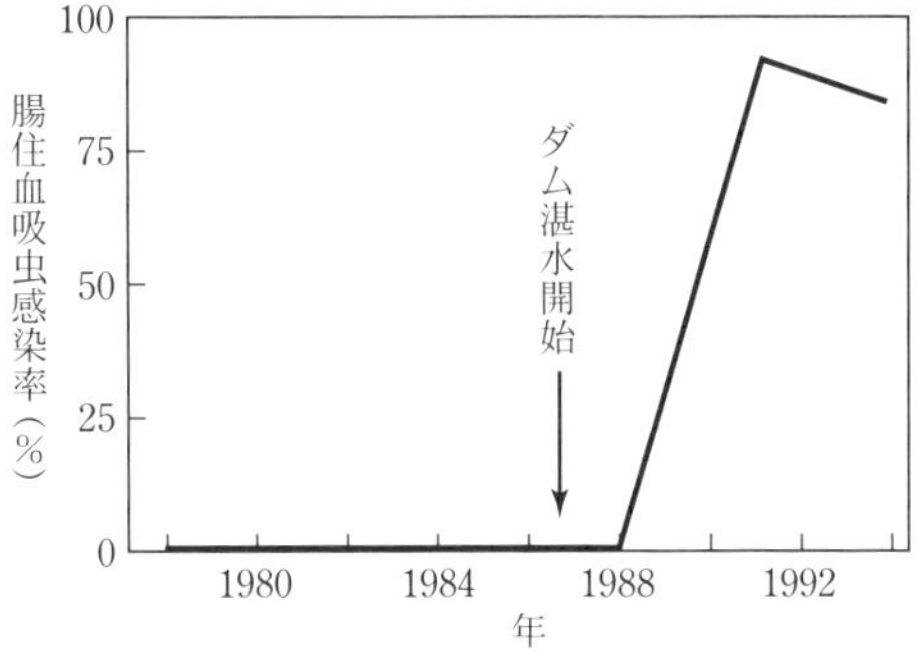

図13　セネガル川下流域での腸住血吸虫症。Jobin, 1999（参考文献に掲載）による。

された。世界銀行を中心とする国際的な資金援助によって、マリ・セネガル・モーリタニア三国は、共同でセネガル川開発機構を設立した。三カ所にダムが建設され、一九八〇年代半ばに潅漑が始まった。

ダムができると同時に、その近くで、蚊が媒介するリフトバレー熱が大流行し、多数の死者が出た。リフトバレー熱は、名が示すように、もともと東アフリカで知られていた病気で、西アフリカでは初めての流行であった。

続いて腸住血吸虫症の分布が広がった。開発以前、腸住血吸虫症の分布は雨が多い上流域に限られ、中・下流では膀胱住血吸虫症しかなかった。腸住血吸虫の幼虫を育てる貝は、膀胱住血吸虫を育てる貝より乾燥に弱いので、雨が少ない中・下流域は不適な環境だった。下流域に遡上する海水も貝を殺す効果があった。

しかし、潅漑によって状況が変わった。一年中湿った淡水域が広がったため、腸住血吸虫の中間宿主貝が増えた。潅漑水路は住血吸虫の感染場になり、下流域では、感染率が一〇〇％に近い村もあった。しかし一部の支流域では、腸住血吸虫症は増えないで、膀胱住血吸虫症は減るという良い影響もあった。

開発以前、マラリアは雨季の後半に流行していたが、ダム湖の周辺では一年中発生するようになった。

氾濫がなくなったので伝統的な生産システムは崩壊した。氾濫があった季節に放水して、伝統的農業の維持を図ることもできたのに、実施されなかった。ダムの管理者たちは、逆に、伝統的農業にそわない放流によって、「近代的な」農業への転換促進を意図したとされる。しかし、稲などを年間を通じて栽培する潅漑農業システムは受け入れられず、栽培面積は減った。干ばつ被害も加わり、飢餓解消という目的は達成されなかった。

最上流のダムの最大の目的は発電だった。しかし援助機関の積極的支援が中断したため、発電・配電施設の建設は遅れに遅れ、ダム完成から二〇年後の二〇〇五年の供用を目ざすとされていた。実現しても、恩恵を受けるのは三国の首都に住む裕福な人だけというが、私は現状を把握していない。

開発で大きな利益を上げたのは、私企業のセネガル砂糖会社であった。中流域に広大なサトウキビのプランテーションと処理工場を建設し、無税という特恵的条件で利益をあげた。しかし周辺は住血吸虫症の流行地であった。

病気の問題を解決するため、世界各国からコンサルタントがきた。適切な水管理により被害を大きく減らせるという提案もされたが、利害関係のはざまで細分化され力を弱められてきた開発機構は、実施する力をもたなかった。セネガル川開発計画を、アフリカで最も悲劇的な水資源開発という人もいる。

スーダンの青ナイル川開発

世界最長のナイル川の水資源開発として、アスワンダムとナセル湖はあまりに有名である。古代エジプト文明を成立させたナイル川の定期的な氾濫を制御したこの計画は、その規模ゆえに功罪も大きい。最も称賛と非難にさらされてきた開発でもある。弊害には健康への悪影響も含まれる。ここではアスワンダムではなく、上流の青ナイルで実施された潅漑農業開発計画を紹介する。ゲジラ－マナギル潅漑計画は、面積では、世界最大級の潅漑計画である。

ゲジラ平原は首都ハルツームの南、青ナイルと白ナイルに挟まれた乾燥地である。年二〇〇ミリほどの雨は、七～九月に集中する。一九二〇年代に青ナイルにセナルダムが建設されると潅漑農業が始まり、綿が栽培された。一九六〇年代に更に上流にロセアダムが建設され、潅漑面積は飛躍的に拡大した。新潅漑地では栽培システムも大きく変わった。三年栽培－一年休閑という

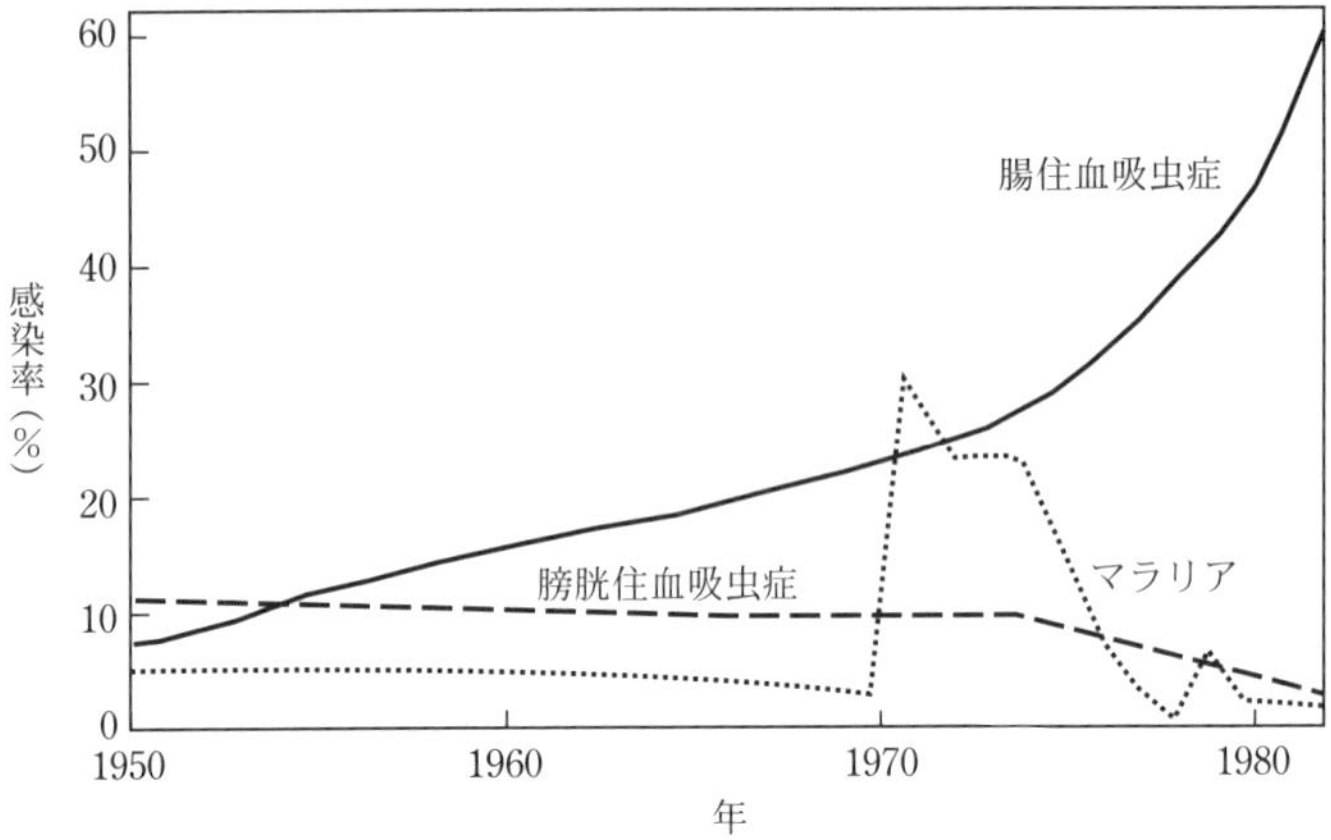

図14　ゲジラでの住血吸虫症とマラリア。Jobin, 1999（参考文献に掲載）による。

サイクルが、休閑なしの三種作物の転換サイクルになった。旧システムでは雨季に綿だけを灌漑していたが、新システムではピーナツ、ソルガム、小麦、稲、野菜、果樹などを対象に、年間を通じて灌漑が実施された。労働力の必要から人口も急増した。しかし農業生産高、特に輸出商品として最も重要な綿の生産高は、一九八〇年代に急減した。一因は綿害虫が大発生するようになったことである。かつては一作一回ですんだ殺虫剤散布が何回も必要になっていた。

灌漑期間が延びたのでマラリア蚊が季節を問わず発生し、雨季に限定されていたマラリアがいつでも発生するようになった。乾燥期がなくなった灌漑水路には水生植物が繁茂し、流れは淀み、住血吸虫の中間宿主貝が増えた。その結果、住血吸虫症も急増した。潅漑開始以前は膀胱住血吸虫症が主で、感染率も低かったが、一九八〇年代初めには、腸住血吸虫の感染率が五〇％を超えた。水路で水草の除去作業に従事する労働者の感染率は、一〇〇％に近かった。

重症型の腸住血吸虫が軽症型の膀胱住血吸虫にとって代わる現象は、セネガルやスーダンに限らず、アフリカの潅漑開発では頻繁に起こった。人の健康にとって重要なこの現象は、初めて認識された場所にちなみ、「ナイル・シフト」と呼ばれる。

青ナイル保健計画

事態を改善するため、WHOが中心になって、青ナイル保健計画が策定され、一〇年の国際プロジェクトとして一九八二年に始まった。マラリアと住血吸虫症に加えて、下痢症も対象になった。人口増加に水道や衛生施設整備が追いつかず、コレラやチフスが流行していた。

パイロット地区での対策は、住血吸虫症患者への駆虫薬供与とマラリア蚊に対する殺虫剤散布を中心に進められ、すぐに大きな効果を上げた。マラリアは一九七〇年代後半の対策で一度減った後、一九八〇年代に再増加のきざしを見せていたが、青ナイル保健計画が始まると減少に転じた。マラリア対策の歴史は、殺虫剤抵抗性に対して新殺虫剤を導入することの反復であった。高価な新殺虫剤は国際援助なしには使えない。青ナイル保健計画では日本が殺虫剤を供与した。

住血吸虫の感染率も、数十％から一〇％以下に減った。それらの緊急対策と並んで、水供給施設の整備と感染予防教育も実施された。水道が整備され、水路や水たまりとの接触が減れば、住血吸虫感染の危険性は減る。貝と蚊に対しては環境改善や生物的対策（競争種と魚）も検討された。

対策はパイロット地区外へ広げられ、一〇年間で成功できそうに思われた。しかし計画も終わりに近づいた一九九〇年の大雨によって、認識の甘さが明らかになった。潅漑施設の改修がされていなかったため排水が進まず、マラリア蚊が大発生し、マラリアは計画以前の最悪の状態に戻った。殺虫剤に頼って、長期的な視野に立つ、より根本的な蚊対策が実施されていなかった。事情は貝対策も同じだった。

当初から計画されていた環境改善や天敵による対策は、なぜ実現しなかったのだろうか。原因は、計画終了後を見据えて全体を統括し、バランスよく推進する強いリーダーシップがなかったこととされた。関連する部局や担当者や資金援助団体、それぞれの思惑が優先するセクショナリズムのため、必要な協力ができなかったという。例えば、潅漑施設で食用魚を飼い、貝や蚊を駆除できれば一挙両得である。しかし、その成功には、潅漑、養魚、農作物の害虫対策、貝対策、蚊対策、啓蒙、それぞれの担当者の協力が欠かせない。適切な施設、適切な水管理、適切な農薬の種類や使い方、農民の理解と協力、どれが欠けても成功しない。

計画は、長期的対策について指針を確立することなく、予定どおり終了した。計画当初に建設された水供給施設などは老朽化が始まっていたが、保全改修計画はなく、薬品や殺虫剤の供給はなくなったが、替わるべき対策はなかった。青ナイル保健計画により改善されたことは何もないという厳しい評価もある。

モロッコの水資源開発

モロッコも乾燥した国である。年間雨量は多い所でも五〇〇ミリ、少ない所では二〇〇ミリに満たず、農業生産性の向上に潅漑は不可欠である。モロッコで最も重要な川であるウム・エル・ルビア流域では、ダム建設を伴う潅漑開発が進められてきた。代表的なのはアトラス山系への中腹に位置するタドラ平原の潅漑である。ダム湖の水は、水力発電に使われた後に潅漑水路に導入される。

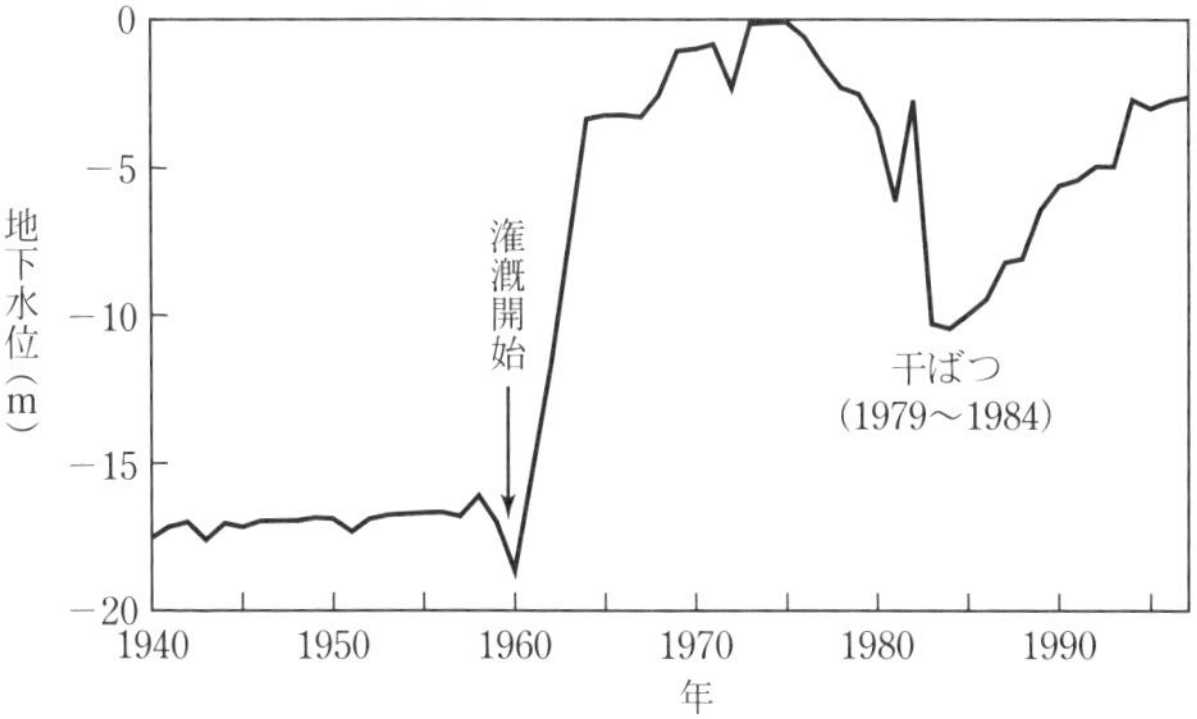

図15　タドラ潅漑地域の地下水位。Jobin, 1999（参考文献に掲載）による。

一九六〇年代に始まった潅漑によって、モロッコで最も裕福な農業地域が生まれた。主な作物はビートとオリーブで、牛の牧畜も盛んである。それらの生産物の加工業も発展した。製糖業（ビート）、製油業（オリーブ）、なめし業（牛皮）が発展し、人口が急増した。もとはマラリアと膀胱住血吸虫症の流行地だったが、対策によって減少した。ここでも主な対策は、薬による患者の治療と、薬剤による蚊や貝の駆除であった。

しかし、潅漑と都市化は、新たな健康問題をもたらした。水質の悪化である。一つは地下水位の上昇による塩の堆積である。以前は一五メートル以上あった地下水位が二メートル以下になった。子供に多い貧血の一因は、飲料水中に含まれる硝酸塩と推測された。人の排泄物による汚染も深刻である。コレラはしばしば流行し、チフスなどの深刻な下痢症の発生率も高い。川には、農薬や工場排水に含まれる有毒物質も流入するが、健康への影響は分かっていない。川の汚染が深刻になった一因は、ダムによって流量が減ったことである。

フランスの援助で、一九九〇年に最新式の浄化施設が建設されたが、維持管理する人材や資金や電力がないため、稼動できなかった。この施設だけで、近くの町全体より電力を消費するのだった。

モロッコの経験は、潅漑開発の影響の多面性と、開発成功後まで含めた保健計画の必要性を教えてくれる。

小規模開発の危険性

小規模潅漑開発には、小さなダムや貯水池から、ごく小さな池や水ためまで含まれる。比較的大きなものは国や地方自治体の公共事業として実施されるが、最も小さなものは個人的につくられる。個人的な環境改変が可能になった一因は、土木用重機（ブルドーザーやショベルカーなど）の利用が容易になったことである。これをブルドーザー革命と称する人もいる。

発展途上国における大規模開発は、国際援助によって実施される。実施前の環境影響評価は不可欠で、十分ではないにせよ、健康影響評価もされる（17章）。ところが、規模が小さくなるほど実態把握が難しく、影響評価は軽視される。しかし、影響を受ける人が少なくても、その場所での危険性は大き

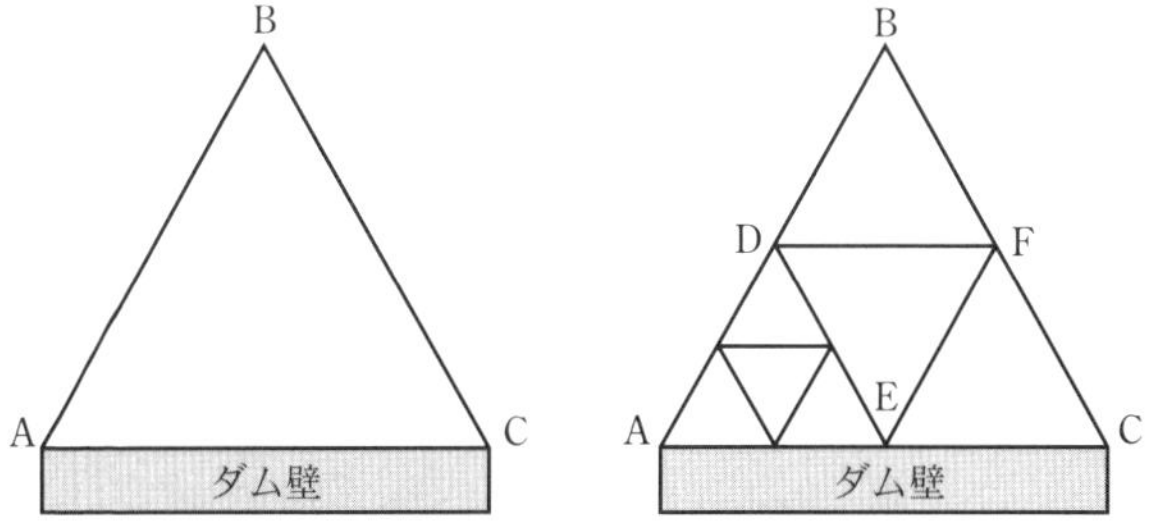

図16　蚊や中間宿主貝は浅水域に生息するので，危険性は浅い水辺の長さに比例し，大きなダムより同面積の多数の小ダムが危険である。大きなダムの水辺はAB＋BCで，一辺を4とすれば8である。4個の小ダムだと，水辺はADE＋DEF＋EFC＋DBFで16，16個の小ダムだと32になる。Jewsbury and Imevbore, 1988, Parasitology Today 4: 57–59による。

いかもしれない。規模の大小は影響の及ぶ範囲の広狭を示すが、現場での危険性の大小を示してはいない。

大規模開発といっても、蚊や貝が実際に棲む場所、人が感染を受ける場所は限られている。ボウフラや貝はダム湖の真ん中にはおらず、浅く水草が生えた湖岸にいる。危険性の大きさは、水域の面積ではなく水辺の長さに比例する。水路についても、大きな基幹水路はコンクリートで護岸され、水は深く、水流は強く、魚も棲む。よく管理されていれば、蚊や貝の生息に適さない。蚊や貝が繁殖し、人が頻繁に水に接する場所は、末端の小さな水路や水ためである。

スーダンのゲジラ潅漑計画では、幅二〇メートルを超える基幹水路から一メートル以下の末端水路まで、全長九万キロに達したが、その八四％は、幅一メートル以下の小水路であった。スリランカの乾燥地域では、稲作のためにつくられた多数の堤（ため池）にマラリア蚊が発生する。発生場所は、池の縁の水草がある浅瀬、土手からの漏水たまり、水が減って露出した底にできる水たまりである。土砂が堆積すると浅瀬は広がる。露出域ではれんが用の泥を取り、家畜が泥を浴びるので、水がたまるくぼみが増える。

蚊や貝の棲み場所を、大規模開発は間接的に、小規模開発は直接につくる。小規模という理由で軽視することはできない。

水資源開発と感染症 ― 経験から学べること

アフリカにおける大規模な水資源開発は、マラリアや住血吸虫症の問題を必ず伴うといっても過言ではない。地域によっては、その他の媒介病や寄生虫病も問題になる。アフリカほど頻繁には顕在化しないが、中南米や東南アジアでも危険は常にある。媒介病や寄生虫病の問題は地域性が強い。個々の事例はすべて異なる。しかし過去の経験から学べることも多い。本書で言及しなかった事例も含めて、経験から学べることを列挙する。

(1) 開発の進行に伴い、異なる病気が問題になることがある。建設中に問題になる病気もあるし、灌漑開始後の問題が大きい病気もある。

(2) もともとあった病気が増える場合と、新たな病気が発生する場合がある。

(3) 開発によって病気が減る場合もある。

(4) 建設に携わる人や開発地に移住してくる人は、いろいろな地域からくる。病気を持ち込む人もいるし、その病気に接したことがないため免疫がない人もいる。

(5) 開発の一部として対策が組み込まれることは稀で、問題が発生してから事後対策に追われる場合が多い。

(6) 事後対策の主流は即効的な薬剤で、長期的な視野に立つ根本的な対策が提案されても、実施されることは少ない。

(7) 技術的には対策が可能でも、資金の欠如あるいは不足、リーダーシップの欠如、セクショナリズムなどが実施を難しくする。

(8) 住民が積極的に対策に参加することは少ない。

(9) 開発の成功が新たな感染症の問題を生むことがある。

開発での感染症対策は、事業の前から後まで続く仕事で、その成功には、保健関係者、開発に関連する諸分野、住民すべての人々の協力が必須である。

16章　対策 ― 環境的方法

環境改変と環境操作

媒介者対策でも貝対策でも、薬剤が広く使われてきた。薬で有害動物を殺すことは、いわば、常識である。しかし、人の歴史の中では、短命の常識に終わるかもしれない。昆虫による病気媒介が証明されてから百年余り、その後半の数十年が、ＤＤＴの効果発見に始まる薬剤依存の時代である。それ以前、薬剤はいろいろな対策の一つであった。

薬剤の長所は即効性である。その長所は緊急対策で生きる。緊急対策として薬剤に勝る方法はない。ところが、緊急対策用の薬剤を長期的に使うことから問題が生じる。媒介者対策での第一選択肢は、薬剤ではなく、環境的方法である。

環境的方法とは、環境を媒介者や貝の生息に不適にすることである。環境改変と環境操作に大別される。土の水路のコンクリート護岸化は環境改変である。いったん工事をすれば効果は継続する。これに対して、水田の水管理（９章）のような環境操作は、効果が短い。水田の一時的な乾燥や洗い流しが効果を発揮するのは操作中だけで、効果の継続には、反復する必要がある。
環境的方法の対象は、一般に、物理的環境や植生である。天敵や競争種を用いた対策は、生物的方法として区別される。しかし、生物的方法は、生物を利用した媒介者や貝に不適な環境づくりであるから、広義には、環境的方法に含めてもよい。例えば、水路に導入した魚が定着し蚊や貝が減れば、反復が不要な環境改変である。定期的に放流を続けるなら、反復が必要な環境操作になる。

建設後に問題が判明しても、改変工事は難しい。中央インドのバルギダム計画では、一九九〇年代に潅漑が始まると、水田より、水路と水路由来の水たまり（氾濫、水漏れ、流れの妨害などによる）がマラリア蚊の発生場所になった。しかし、基幹から末端まで全長三六四五キロに及ぶ水路の改造は不可能であった。環境操作にも適切な施設が必要である。洗い流しには、貯水量の余裕や放水機能に加えて、流された媒介者や貝が下流で害を起こさない保障が必要である（9章）。環境的方法は、当初から開発計画に含められたときに、最も効率良く実施できる。

環境的方法の基礎は生態学

環境的方法は、媒介者や貝の生態に応じて有効な方法が違う。対象種の生態を知らないと使えない。生態をよく知れば、他の生物への影響が少ない方法が見つかる可能性もある。

マラリアを媒介するハマダラカの生態は種ごとに違う。教科書でハマダラカに有効とされる方法でも、実際は一部の種にだけ有効である。同じ種でも、生態は地域の環境に応じて違う。水田から発生する蚊の季節的消長は、田植えの時期や水管理の方法や薬剤の使い方などの稲作慣行によっても違う。対象種を特定するだけでなく、対象地域での生態を知らないと、有効な方法を選ぶことは

表16　水に関連した媒介者と中間宿主に対する環境的方法の有効性。方法は例としてあげたので，すべてを網羅していない。その他の蚊にはイエカ，ヤブカ，ヌマカなどを含む。◎は多くの種に対して有効性が高いこと，○は種によって有効性が異なることを示す。しかし例外や地域に特殊な事情もあるので，おおまかな参考にとどまる。例えば南アメリカの一部の地域では，樹上に着生するブロメリアの葉の付け根のたまり水から発生するハマダラカがマラリアを媒介し，ここにあげた方法は効果がない。草木の除去は蚊やハエの隠れ場所や休息場所をなくすことが目的。水域の日当たりを変える目的は蚊の産卵を抑制することで，種によって草木の除去あるいは逆に被覆が効果をあげる。海岸に近い湿地などでは，海水の流入を促進あるいは阻止することで，水域の塩分濃度を変えることができる。ごみ収集は雨水がたまる廃棄容器などをなくす効果がある。Birley, 1989（参考文献に掲載）を改変。

方法	貝	ハマダラカ	その他の蚊	ブユ	サシチョウバエ	ツェツェバエ
環境改変						
排水による乾燥	○	◎	○			
埋立て	○	◎	○			
地ならし	○	◎	○		◎	
流速変更	○	○	○	○		
ダム建設				◎		
環境操作						
草木の除去		○	○			◎
水域の露光や遮光		○	○			
水位変動	○	○	○			
放水と洗い流し	○	○	○			
水生植物の除去	○	○	○			
塩分濃度を変える	○	○	○			
ごみ収集		○	◎			

できない。

有効性は地域ごとに違う。気候や地形などの自然条件、人間の住居や行動などの社会条件の違いによって、一つの方法が有効にも無効にもなりうる。水田や水路の一時的乾燥は、雨がなければ有効だが、多雨地域では効果が上がらない。洗い流しは、平地よりも傾斜地で効果が上がりやすい（9章）。

一つの環境的方法は複数の対象種に有効でありうる。水路の雑草除去はボウフラにも貝にも有効である。ボウフラと貝は分類学的には縁が遠いが、同じ環境にいれば、同じ方法が有効でありうる。

ある種を減らす方法が別の種を増やす場合もありうる。海水の導入は淡水種には致命的だが、雨で薄まれば汽水を好む種に適した棲み場所になる。対象地域で現に重要な種だけでなく、潜在的な重要種の生態も知っていないと、一つの成功が別の問題を引き起こしかねない。

農業と媒介者対策は両立できる―管理可能性が重要

環境的方法による媒介者や貝対策と農業とは、両立できる。水量に余裕があり、水があふれたり漏れることによる浪費がなく、意図どおりに水管理ができれば、農業生産性は高まる。それは媒介者や貝対策も容易にする。水管理が難しく農業がうまくいかないと、媒介者や貝が増える危険性も高まる。第一部で繰り返し指摘したように、危険なのは水があることではなく、水を管理できないことである。

環境改変であれ操作のためであれ、特定種の対策を目的とした施設の建設は避けたほうがよい。特定種を対象とした施設は、新たな対策が見つかれば、不要になるかもしれない。環境が変わってその種が減れば、対策は不要になる。建設された施設は不要になっても除去が難しく、放置されると新たな問題の原因になりかねない。長期的には、変化を前提に考えなければならない。新たな問題にも柔軟に対応できるためには、管理性向上が最優先課題である。

例えば、西チモールでは、新しいダムからの潅漑水に魚がいないことが、新水田で蚊が増える一原因になっていた（8章）。潅漑水をダムの表層から取る施設があれば、魚は入りやすくなる。しかし、そうした施設の必要性は、農業と地域環境全体を考えて判断するべきことである。農業にとっても利点があり、魚類を含む地域の生物相維持への寄与も期待できるのであれば、検討したほうがよい。しかし、蚊対策のためだけの施設であれば、いったん魚が定着すれば不要になる。蚊対策としては、水路や水田に魚を放流して定着を図るほうが良策であろう。

人を守る環境的方法

ワクチンは感染症から人を守る強力な武器である。日本脳炎や黄熱には有効なワクチンがあ

表17　水に関連した媒介者や中間宿主と人との接触を減らす環境的方法の有効性。表16の説明が当てはまる。貝の場合，対策の対象は貝自体ではなく，貝から出る住血吸虫の幼虫セルカリア。住居改善の目的は殺虫剤が効果を上げやすい構造や材質にすること。上下水道整備が蚊と人の接触を減らすのは，雨水ためや淀んだ溝が減って蚊の発生が減るためなので，蚊に関しては，表16の環境改変に含めたほうがよい。Birley, 1989（参考文献に掲載）を改変。

方法	貝	ハマダラカ	その他の蚊	ブユ	サシチョウバエ	ツェツェバエ
居住地選定	◎	◎	◎	◎	◎	◎
上下水道整備	◎	○	◎			
住居改善		◎	○			
網戸や蚊帳		◎	○			

る。しかしウイルス病でもデング熱にはワクチンがない。寄生虫病を予防するワクチンもない。大きな努力にもかかわらず、マラリアワクチン実現の目途は立っていない。多くの媒介病や寄生虫病の予防には、感染しないための環境づくりが唯一の方法である。

媒介昆虫に対する防御として、第一に発生場所の近くに住まないこと、第二に網戸や蚊帳などを設置して、吸血されないことを考える。動物防壁（12章）も、吸血されないための一選択肢として考えられてきた。

住血吸虫症予防の第一は、貝のいる水に触れないことである。水道や井戸の設置は大きな効果がある。橋があれば水に触れずに水路を横断できる。牛などの家畜の感染を防ぐことも、人が感染する危険を減らすことにつながる。家畜が感染の心配なしに水を飲める場所、洗ってもらえる場所も必要である。

居住区選定や施設整備などは効果が長く続くので環境改

写真 58　蚊帳が普及したタイの農村でも，蚊帳の外で遊ぶ子供たちは蚊に刺される。

変、蚊帳などは反復しないと効果がないので環境操作になる。

こうした予防対策の効果の程度は、人の自覚的行動に依存する。網戸や蚊帳があっても、媒介者が活動する時間に屋外や蚊帳外にいれば効果はない。水道や井戸があっても、慣習に従って川で水浴すれば効果はない。感染を避けることができるという認識、避けたいという積極的な意思があってこそ、自主的な行動が生まれる。ＷＨＯは、Knowledge（知識）とAttitude（態度）とPractice（行動）の頭文字をとって、ＫＡＰの重要性を強調してきた。第一に必要なのは、病気の害や感染経路、予防法についての知識の普及である。

意図されない環境的方法

開発による地域環境や人の生活の変化は、副産物として、媒介病や寄生虫病を減らすことがある。水路の

表18　ブルキナファソの畑作農村と稲作農村でのマラリア蚊数と人のマラリア陽性率。数値は数村をまとめた年間平均。括弧内は村当たり年間平均の最小値と最大値。吸血数は1人1日当たり。蚊のマラリア陽性率は吸血蚊のうちマラリア原虫をもっていた蚊の率。人のマラリア陽性率は2～9歳児。Carnevale and Robert, 1987, In Effects of agricultural development on vector-borne diseases: 57–67, AGL/MISC/12/87, FAO, Romeによる。

農業	マラリア蚊			人
形態	吸血数	マラリア陽性率（%）	陽性吸血数	マラリア陽性率（%）
畑作	13（3～23）	3.9（1.4～7.6）	0.4（0.1～1.1）	64（55～74）
稲作	31（19～40）	0.3（0～0.7）	0.1（0～0.2）	44（32～51）

護岸は、ボウフラや貝の棲み場所を減らす環境改変になる。南スラウェシでは、潅漑水路が村内の蚊の発生場所を減らすことに貢献していた（5章）。生活用水を供給する水道や井戸の設置は、住血吸虫感染の危険を減らす。開発の中では、媒介病や寄生虫病対策という意識なしに、いろいろな環境的方法が実施されていることがある。

開発に伴う環境変化の効果は多面的で、評価は容易ではない。いろいろな面での小効果が積み重なって、最終的に大きな効果になることもある。ヨーロッパの一部では、畜産を含む農業の変化によって、二〇世紀初めにマラリアがなくなったとされる（12章）。二〇世紀前半のマラリア対策に貢献したハケットは、この現象をマラリアの「自然消滅」natural disappearanceと名づけ、意図されない環境変化の効果を強調した。日本での日本脳炎の減少も、ワクチンの効果以外は、「自然」であった（2章）。

水田開発がマラリアを増やした例は多い（4章）。しかし、病気流行を理由に稲作が禁止された中世のスペインでも、一方では水田擁護派がいて、稲作に伴う湿地整備や経済力向上は、住民の健康増進に貢献すると主張した。

ブルキナファソのサバンナにある水田農村では、畑作農村に比べて、年間に二～一〇倍ものマラリア蚊に吸血される。水田から季節を問わず蚊が発生するためである。ところが、マラリア感染率は畑作農村より低かった。逆転の一因は、水田農村のほうが裕福で、蚊帳やマラリア薬をよく使うことと考えられた。私は一九八七年にこの報告を見て、とても重要なことだと考えた。更に具体的な因果関係を知りたく思い、西アフリカでＷＨＯのオンコセルカ症対策に参加していた方に、現地で調査することができるか尋ねたことがある。しかし、自ら乗り出すまでもなく、この頃から、アフリカでは、水田のない農村に比べて、水田農村のマラリア感染率が高くない、少ないこともあるという報告が出始め、その原因への関心が高まった。

水田の逆説

「ライス・マラリア」（４章）という言葉が生まれたほど、「水田をつくると蚊が増えマラリアが増える」という話は、広く受け入れられてきた。それは間違っていたのだろうか。タンザニアで水田とマラリアの関係を調べたイジュンバは、反対に「水田をつくるとマラリアが減る」現象を「水田の逆説」paddies paradoxと呼んだ。二〇〇一年の論文だが、問題点を明解に指摘した表現はすぐ普及し、「水田の逆説」を論じる人が増えた。媒介蚊の種や系統の置き換わりなども指摘されたが、最も重要と考えられたのは、ブルキナファソと同じく、開発による社会条件や経済条件の改善である。

タンザニアのサバンナ地域では、潅漑のない伝統的農村や潅漑によってサトウキビを栽培する村に比べて、潅漑水田村では、マラリア蚊の年間吸血数が四倍に増えた。しかしマラリア原虫をもつ蚊の割合は一〇分の一で、マラリア感染の危険性は半分以下であった。稲作農村は裕福なので、マラリア薬や殺虫剤や蚊帳などがよく使われるためである。

コートジボワールに本拠をおく西アフリカ稲作開発協会ＷＡＲＤＡは、稲作とマラリアの関係を具体的に解明するため、大規模な国際共同研究を進めている。一九九〇年代後半にＰＥＥＭの活動の一環として始まり、今はＳＩＭＡの一部である（４章）。熱帯雨林とサバンナとサヘル（サハラの南縁でサバンナとの境界地域）、それぞれの環境のもとで、水田農村と畑作農村が比較されている。サバンナでは、潅漑のない村、潅漑が未整備で雨季だけ稲が栽培される村、それに潅漑が整備され稲二期作の村が比較された。媒介蚊の数は、無潅漑村、一期作村、二期作村の順番で増えたが、マラリア感染率はどの村も同じように高かった。ところが、幼児が発症する頻度は一期作村だけで低かった。要点は、農家の収入と家庭内での主婦の相対的な力らしい。主婦が管理する家計の割合が増えると、子供の感染予防や治療に金が多く使われる。一期作村で

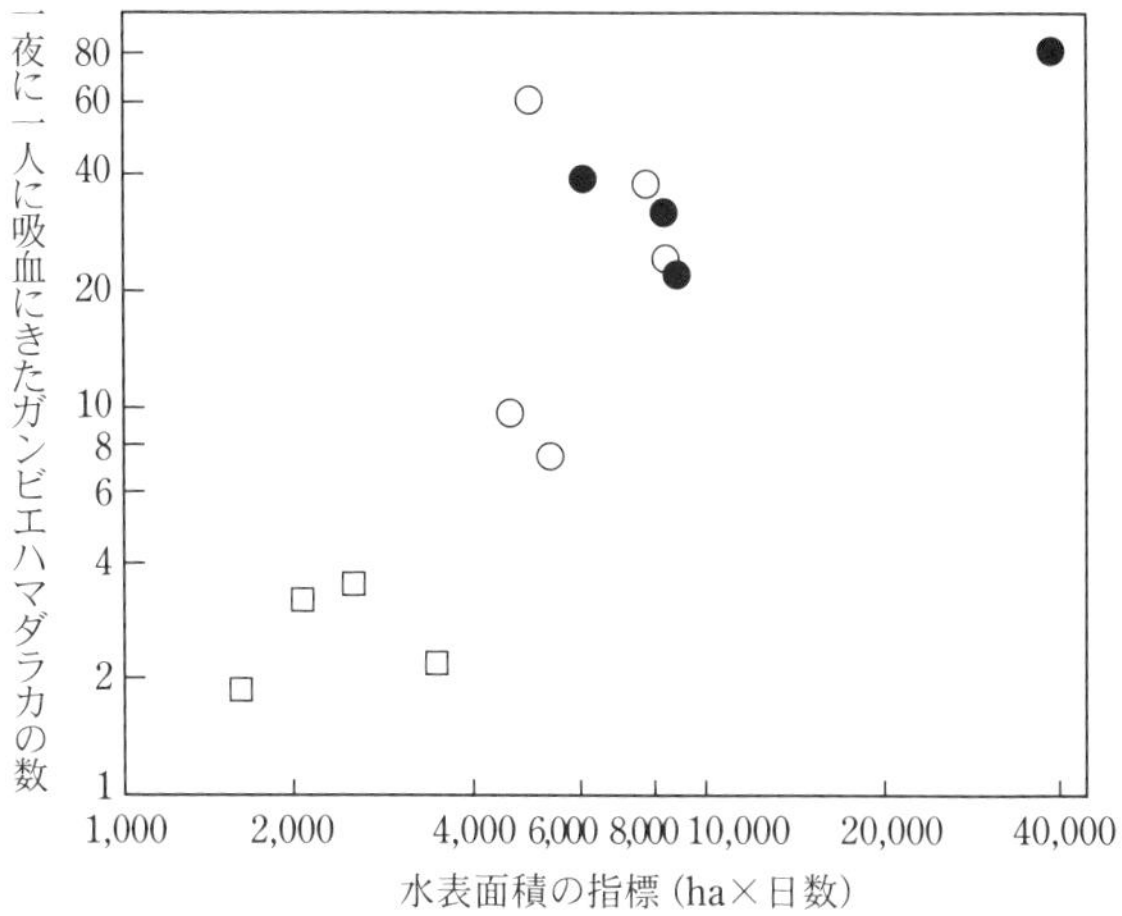

図17　コートジボアールのサバンナでの潅漑とマラリア蚊数の関係。主栽培期である雨季の結果。水表面積の指標は村から2km以内について計算。□は無潅漑村，○は稲一期作村，●は稲二期作村。Briët ほか, 2003, Trop. Med. International Health 8: 439–448による。

は、綿などの換金作物の世話を主婦がするので、主婦が管理する金が増える。ところが、二期作村では、主食として消費される稲作にかかる主婦の労働が増えるため、収入が減るうえに、家庭内での力も弱まり、健康への配慮もゆきとどかなくなる。最終的結論はまだだが、西アフリカでの水田開発は、マラリアを増やさないことが多く、減らすことも期待できるようだ。

WARDAの研究を支援したのは、水田のないカナダとデンマークとノルウェーである。日本が先進国で唯一の米を主食とする国で高い稲作技術をもち、アフリカでの稲作に

写真 59　ガーナの小規模潅漑水田（都野展子さん提供）

無関心でないことを考えると、まことに残念なことである。

総合評価が必要

「ライス・マラリア」（4章）と「水田の逆説」、相反する現象である。水田はマラリアを増やすのか、減らすのか。矛盾を解く鍵は、マラリア流行の多様性にあった。

アフリカの多くの地域ではマラリア感染率が常に高く、住民はマラリアに対して強い免疫を獲得している。コートジボワールのサバンナの村でも、感染率は七〇％を超える。安定マラリアといわれる状態である。安定マラリア地域では、蚊の数が増減してもマラリアに影響しにくい。蚊が増えてもマラリアはすでに上限にある。安定マラリアを生む蚊は媒介効率が高いので、よほど数が減らない限り感染率は減らない。しかし、予防や治療は効果がある。稲作が社会条件や経済条件の改善を伴えば、マラリアは減る。稲作村で蚊が増えても、吸血を避けるために蚊帳が普及すれば、マラリアは減る。

年による流行の変動が大きいマラリアは、不安定マラリアといわれる。不安定マラリア地域では、一般に蚊の媒介効率が低く、免疫をもっていない人が多い。そうした条件では、水田がつくられ蚊が増えると、マラリアが流行しやすい。アフリカでも、不安定マラリア地域であるブルンディやマダガスカル高地では、水田はマラリアを増やした。新しい水田開発地には、しばしば、多数の農民が入植する。ブルンディでは、免疫をもたない高地からの入植によって、流行が大きくなった。アフリカ外では不安定マラリア地域が多いので、水田開発初期には、マラリアが増える危険がある。しかし、稲作によって社会や経済の条件が改善すれば、長期的には正の効果が出てくる。

マラリア流行の多様性を考えれば、「ライス・マラリア」と「水田の逆説」は、どちらも正しい。稲作と病気の関係を理解するには、環境の多様性の認識と、自然環境から社会環境や家庭構造まで含めた、総合的な視点が求められる。

17章　健康影響評価に基づく総合対策

環境影響評価での健康問題

開発に先立って環境への影響を予測し計画の妥当性を検討する環境影響評価ＥＩＡは、一九七〇年にアメリカで初めて法律化された。一九八九年に世界銀行の開発計画に必須の条件となり、発展途上国の開発でも実施されるようになった。食品汚染、環境汚染、公害などにかかわる環境要因だけでなく、景観、生態系、生物資源、貴重生物、文化遺産などの保全も、ＥＩＡの評価項目である。

ＥＩＡは、特に初期には、物理的環境要因を主な対象として発展させられてきた。健康への主な関心は、化学物質による環境汚染や物理的要因（放射線や騒音など）の人体影響評価で、ＷＨＯが定義する健康の一部にすぎなかった。

ＥＩＡの物理的要因への偏りに対する反省から発展した社会影響評価ＳＩＡでは、個々の人が、肉体的だけでなく精神的にも健全に生きることができるか否かを評価する。開発は地域の経

健康とは
完全な肉体的，精神的および社会的福祉の状態であり
単に疾病または病弱の存在しないことではない
(WHO憲章前文による)

図18　世界保健機関憲章での健康の定義。1948年に発効。

済的発展と住民の生活向上を目ざすが、その効果を平均（例えば農家の平均年収）や総和として示しても、社会を構成する多様で異質なグループや家族や個人の生活が真に向上したか否かは分からない。ＳＩＡでは、生活様式、文化や価値観、疎外や差別の有無、社会の構成員としての協調性や役割意識、社会の安定性などについて、正と負の両面から影響を評価する。ＳＩＡの一部は、精神的および社会的健康についての影響評価でもある。

戦略的環境影響評価ＳＥＡでは、ＥＩＡを個々の計画（事業）ではなく、その基本になる政策や総合事業計画に適用する。ＳＥＡの目的は持続的開発を可能にすることであるから、健康問題への配慮は必須である。

温帯の先進国で発達したＥＩＡでは、感染症は重要な問題ではなかった。二〇世紀後半の先進国の開発では、感染症の大流行に襲われることはなかった。熱帯の開発現場を知る人たちは、例えばスタンレーとアルパースの編集による一九七五年の『人造湖と人の健康』に示されたように、問題の重大性を指摘していた。しかし、そうした指摘は、15章に例をあげたように、すぐには、現実の開発に生かされなかった。熱帯での開発に媒介病や寄生虫病対策を取り入れるため、ＷＨＯは、一九八〇年代に啓蒙活動を強化している。

ＰＥＥＭの設立（４章）もその一環であった。一九八〇年代後半には、国際援助機関（世界銀行やアジア開発銀行など）や各国の援助機関の環境影響評価指針で、感染症への配慮がより明瞭になってきた。そこでの主な対象は、特定の感染症（マラリアや住血吸虫症など）とその媒介者や中間宿主であった。

健康影響評価の確立

人にとって健康は最も大切である。開発にあたっては、健康への総合的な影響が確実に評価されなければならない。その方向づけに大きな役割を果たしたのが、一九九二年の「環境と開発に関する国際会議」（地球サミット）であった。「環境と開発に関するリオ宣言」では、「開発の中心は人間であり、持続的開発には健康が不可欠」とされ、具体的な行動指針「アジェンダ21」の６章は健康と環境に当てられている。一九九〇年代半ばから、包括的な健康影響評価ＨＩＡのための指針が発表され始めた。医学分野のデータベースＭＥＤＬＩＮＥで、ＨＩＡをキーワードに検索すると、最初の論文は一九九二年で、一九九八年までは合計九編だが、一九九九年以後は毎年七〜三〇編ある（二〇〇五年四月現在）。

ＨＩＡとＥＩＡ・ＳＩＡ・ＳＥＡとの関係はどうなるのか。ＥＩＡを広く考えれば、ＨＩＡも含まれる。ＷＨＯは、一時、ＨＩＡをＥＩＡの構成要素と位置づけ、環境健康影響評価ＥＨＩ

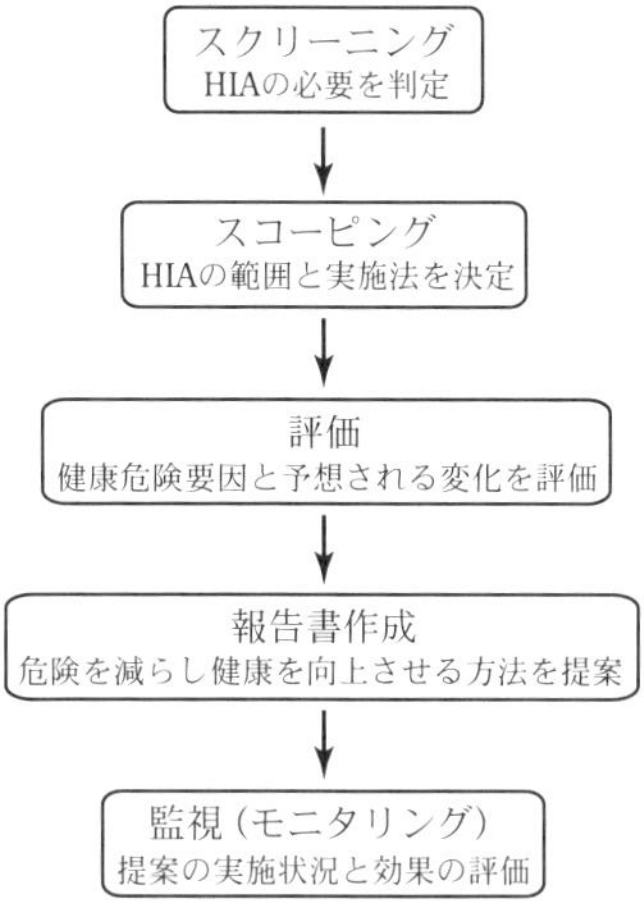
スクリーニング
HIAの必要を判定
スコーピング
HIAの範囲と実施法を決定
評価
健康危険要因と予想される変化を評価
報告書作成
危険を減らし健康を向上させる方法を提案
監視（モニタリング）
提案の実施状況と効果の評価

図19　世界保健機関が提案する健康影響評価の進め方。世界保健機関のホームページ（参考文献に掲載）による（2005年8月現在）。

Ａという言葉を使っていた。イギリス医学会も、一九九九年に出版された『健康と環境影響評価』で、ＨＩＡをＥＩＡに組み入れるための提案をした。ＨＩＡをＥＩＡの不可欠の要素と位置づければ、ＨＩＡの実施は容易になる。しかし、評価と提案で終わりかねないというＥＩＡの弱点から免れられないかもしれない。

　ＷＨＯは、二〇〇三年、ＨＩＡについてのホームページで、ＨＩＡをＥＩＡやＳＥＡから独立した影響評価と位置づけた。健康対策の実施に他分野の協力は必須である。ＨＩＡの独立性は確立し、そのうえでＥＩＡ・ＳＥＡ・ＳＩＡと連携することは最も望ましい形であろう。ＷＨＯが提案するＨＩＡは五段階からなる。

ＨＩＡが効果を上げるためには、早く始めて、最後まで見届ける必要がある。ＷＨＯの提案でも、できるだけ早く始めるため、個々の事業だけでなく総合事業計画や政策も対象とし、対策を確実に実施するため、効果の監視を最終段階としている。

発展途上国での開発に伴う感染症の危険評価には、自然環境・人・社会基盤に関するいろいろな情報が必要である。自然環境要因は、気候、媒介者や中間宿主、保虫宿主（寄生虫をもつ人以外の動物）の生息に適した場所の多少などである。人にかかわる要因は、社会構成（民族、出身地、年齢組成、性比、職業など）、感染症に対する抵抗性、家がある場所やその構造、水源、排泄場所や処理法、水浴場所や頻度、食生活や栄養条件など、社会基盤要因は、医療施設の数や整備度、医療にかかわる人材（医師、看護士、保健士、助産士など）の数や質、薬の入手可能性、媒介者対策、ワクチンの接種度などである。

ＨＩＡの実例――ジンバブエの灌漑計画

ＨＩＡの実例はまだ少なく、ほとんど先進国に限られている。発展途上国での例として、ジンバブエのムプフレ灌漑計画にかかわるＨＩＡを紹介する。コンサルタント会社によるフィージビリティ・スタディ（Ｆ／Ｓ）は、健康問題にほとんど触れていなかった。そこでデンマークとイギリスの研究者がジンバブエの協力を得て実施した。

計画地域は一〇〇〇メートルの高地で、年八〇〇ミリほどの雨が一一〜三月の雨季に集中する。ここに貯水量四三〇万立方メートルのアースダムと水路を建設して一七〇ヘクタールを潅漑し、換金作物と自家用作物の生産力を高めて、生活水準の向上を図る。

既存の情報から、HIAが必要と判断された。そこでHIAの実施計画をたてるため、NGOなども対象に含めて、更に広く情報を収集した。膀胱住血吸虫の感染率は三〇〜八五%、腸住血吸虫は二〇%と高かった。マラリアは一二月から五月にかけて季節的に流行する不安定型で、感染率は一%と低く、住民は免疫をもたない。農薬中毒、性感染症、皮膚病、眼病、腸疾患、栄養失調も、評価対象として選定された。影響を受ける可能性がある住民は、計画地域内の三村と隣接する二村の三七〇〇人で、同じ部族に属する。

政府の関連四部局の代表からなる運営委員会が設立され、二ヵ月の現地調査を含むHIAが実施された。一年後の報告では、計画が実施された場合の影響が、対象ごとに、環境・人・社会基盤の面から検討され、それに基づいて総合評価が下された。簡略にまとめられた表には含まれない事項も多い。例えば、住民は単一民族だが、三分の一は特定のキリスト教宗派に属し、現代医学を受け入れず、宗教儀礼のため水に入るので、住血吸虫に特に感染しやすい。

コンサルタント会社やNGOも含めて可能な対策が検討され、それぞれの必要経費と担当部局が示された。複数の問題に対して効果がある方法や農業にも有益な方法が効率的と指摘された

Konradsen ら, 1997, Impact Assessment 15: 55−72による。

対処能力	健康危険性
治療　少しできる。膀胱住血吸虫に対してのみ薬がある **監視**　少しできる。定期健診はなく顕微鏡技師はいない **中間宿主対策**　なし	増加。特に腸住血吸虫症
治療　クロロキンは保健センターや店で入手できるが，第2選択肢となる薬はない **監視**　あまりできない。情報処理は非常に遅れ，マラリア原虫の薬剤抵抗性の監視はない **予防**　あまりできない **媒介者対策**　少しできる。流行時には殺虫剤が使えるが，環境的方法は実施されていない	増加
治療　ほとんどできない **予防**　あまりできない。保管と廃棄施設は未整備。農民は少し訓練を受けている	増加
治療　多くの普通の性感染症は可能だが，HIVは不可 **予防**　あまりできない **監視**　あまりできない	増加。特に建設工事中
治療　あまりできないが，積極的な子供の食事補助計画がある **予防**　少しできる。母子健康計画と積極的な教育と知識向上計画がある	減少。潅漑計画受益者では栄養状態が改善する可能性
治療　あまりできない **予防**　あまりできないが，健康教育と住民主体の小規模な水供給計画を実施中	減少。多くの住民にとって健康改善の機会になる
治療　できる **予防**　健康教育と住民主体の小規模な衛生と水供給計画を実施中。井戸とポンプの補修管理に問題がある	どちらとも言えない

表19　ジンバブエのムプフレ潅漑計画における健康影響評価 — 影響評価の要約。

健康危険要因	予測される環境変化	危険が大きい住民
住血吸虫症	居住地と労働環境での中間宿主貝の生息場所の増加	水路で泳ぐ子供，洗濯と水くみをする女性，水に入る漁民と農民
マラリア	居住地に近い発生水域の増加。感染期間が約2ヵ月延長	全住民，特に5歳以下の子供と妊婦。蚊帳は使われず，家屋構造は蚊に対して無防備
農薬中毒	生産の拡大と換金作物の増加により農薬使用が増える	潅漑農業に従事する農民，家庭での子供の事故による中毒。農薬の使用に関する知識水準は一般に低い
性感染症	建設期の移住者の増加と社会環境の変化	建設工事労働者と娼婦。周辺の住民にも広がるであろう
栄養失調	収入と作物収量の増加によって潅漑計画受益者の食料確保力が高まる	5歳以下の子供と農地非保有者。収入増により危険性は減るが，現金所得力は不平等
皮膚病と眼病	容易に使える水の増加による一般住民の衛生状態改善	多い。特に生活条件が悪い住民
腸疾患（下痢や腸チフス）	容易に使える水の増加による個人の衛生状態の改善。汚染された水路水を飲料水にすることによる負の影響	多い。特に5歳以下の子供と生活条件が悪い住民

表 20　ジンバブエのムプフレ潅漑計画における健康影響評価—予防と改善のために提案された対策。経費は本来の潅漑計画経費への追加額で，単位はジンバブエドル (1993年6月の換算率は6ジンバブエドル＝1アメリカドル)。水予防病は水が足りない衛生不良状態で増える病気をさし，皮膚病，眼病，腸疾患を含む。MIP：ムプフレ潅漑計画，WD：水道部，MOH：健康児童福祉省。一部，具体的に分からない点もあるが，もとのまま掲載。Konradsen ら，1997, Impact Assessment 15: 55−72による。

予防と改善のための対策	推定経費	実施機関	対象
自然排水を促がす水力学的構造	なし	MIP	住血吸虫症
潅漑施設の除草と浚渫（しゅんせつ）	わずか。農民の労働が必要	MIP	マラリア 住血吸虫症
夜間貯水ため池の改善	3,400	MIP	住血吸虫症
水管理のための農民の訓練	情報なし	MIP	マラリア 住血吸虫症
導水水路のパイプライン化	50,000	MIP	水予防病 住血吸虫症
水路をまたぐ歩道橋	わずか	MIP	住血吸虫症
ダムの富栄養化抑制	なし	MIP・WD	住血吸虫症
水供給と衛生設備の改善	113,000	MIP	水予防病 住血吸虫症
健康計画改善のための知識・態度・信念・行動調査	わずか。潅漑計画準備の一部	MIP	健康状態全般
農薬保管施設	なし	MIP	農薬中毒
水路補修管理労働者の安全な衣服	農民負担	MIP	住血吸虫症
5年間の住民主体健康教育の支援	20,000 (4,000×5年)	MIP・MOH	健康状態全般
保健センターへ10年間の薬供給援助	54,000	MIP	マラリア 住血吸虫症
採土跡などをならす	わずか	WD	マラリア 住血吸虫症
ダム建設中の性感染症対策	40,000 (10,000×4年)	WD	性感染症
環境保健技師を1名増員	年15,000 (給料) 建設工事者宿舎を利用	MOH	健康状態全般
顕微鏡技師1名と顕微鏡1台	年25,000 (給料と顕微鏡) 建設工事者宿舎を利用	MOH	マラリア 住血吸虫症
諸分野の協力推進	情報なし	MOH・MIP・WD	健康状態全般

が、方法の選択はされなかった。すべての対策を実施すれば費用の七五％が潅漑計画の負担になり、本来の事業費の一・八％にあたる。対策の実施を容易にするため、ＨＩＡをＦ／Ｓに含める必要があること、ＨＩＡは既存の情報と現地調査によって可能だが、人や社会基盤要因の評価と予測は難しく、方法の確立が必要なことも指摘された。

長期計画が必要

対策実施と効果評価には長期計画が必要である。環境操作は、反復しないと効果を維持できない。環境改変の効果も、施設が老朽化すれば低下する。施設の保全と改修のための点検項目に、健康対策での効果も含める必要がある。

効果的な対策でも、病気がなくなるまでは長期間の継続を要する場合がある。例えば日本での住血吸虫症対策を見るとよく分かる。日本の住血吸虫症は、中間宿主カタヤマガイが分布する数カ所にのみ存在した。その一つ、佐賀県と福岡県にまたがる筑後川流域では、七〇〇〇ヘクタール余りがカタヤマガイの分布地であった。第二次世界大戦以前、集団検診での感染率は一五％にも達した。両県は、一九四九年、環境改変（水路のコンクリート化、埋立て、盛土など）や薬剤による貝対策を始めた。環境改変は農業基盤整備事業として進められ、貝は減っていった。住血吸虫の幼虫を保有する貝は一九七三年、貝自体も一九八三年を最後に見つからなくなった。日本は経済力が高く、農業や保健面での組織も整備されていたから、対策は広範に中断なく進められた。しかも流行地は孤立し、周囲から、貝はもちろん、住血吸虫に寄生された人も家畜もネズミも入ってこない。こうした理想的な条件でも、住血吸虫がいなくなるまで二〇年以上かかった。アフリカ、中南米、東南アジアでの対策がいかに難しいか、よく分かる。

モロッコの水資源開発（15章）のように、初めは成功しても、長期的には、成功の結果から新たな問題が発生することもある。ここでは、一つの媒介病対策の成功と同時にマラリアが流行した例を紹介しよう。インドネシアのジャワでは、一九世紀末からペストの流行が絶えなかった。一九一一年から三六年までの間に、確認されただけでも二〇万人以上が死亡した。ペストはネズミノミが人を吸血して感染する。オランダは、一九三〇年代半ばから、ネズミが入れないように家の改造を進め、その結果、ペストは減ったが、同時に、それまで少なかったマラリアが急増した。改築のための土取り跡などの水たまりでマラリア蚊が増えたという人もいたが、主なマラリア蚊は、管理の悪い水田や水路や養魚池から発生していた。住民が「家病」と呼んだように、原因は新しい家とする人もいた。従来は家の中で炊事したため、煙が蚊を遠ざけていた。ところが、ネズミが入らない新家屋では、炊事の煙は屋内に入らないのに、蚊は換気用の窓から入れた。その結果、蚊に吸血されやすくなったという。実際の採集でも煙の効果は確認された。どちらが正しかったのかはわからないが、多くの村で、家の改造とマラリアの増加が同時であったことは事実である。

問題は短期間では分からないこともある。住民は、自覚症状があっても、耐えているかもしれない。社会基盤の整備が不十分で、全住民の定期健診などができなければ、問題が隠れたまま悪化していることもある。経済的被害が出るのは人の被害が深刻になってからで、病気対策としては手遅れである。

人の健康にかかわる問題ごとに、状況は、良い方向あるいは悪い方向へ、常に変化している。新たな対策が必要になる反面では、それまでの対策が不要になることもあるだろう。不要なことは速やかに止めることも大切である。対策が成功しても監視が不要になることはない。

失敗も成功も含めて経験を継承し、将来の開発に生かすことができる体制も大切である。ジャワでの「新家屋と煙とマラリア」の経験はその後の開発に生かされず、一九九〇年代にイリアンジャヤで同じことが起こっている（13章）。いうまでもなく、閉鎖的な家屋では煙による健康被害もある。その改善をめざす計画に過去の経験を生かす体制がなかったため、新たな問題を起こしてしまったのである。

予測の難しさ ― 早期発見システムの必要性

健康対策の基礎となるＨＩＡでの影響予測は、過去の経験に基づく。しかし過去にはなかっ

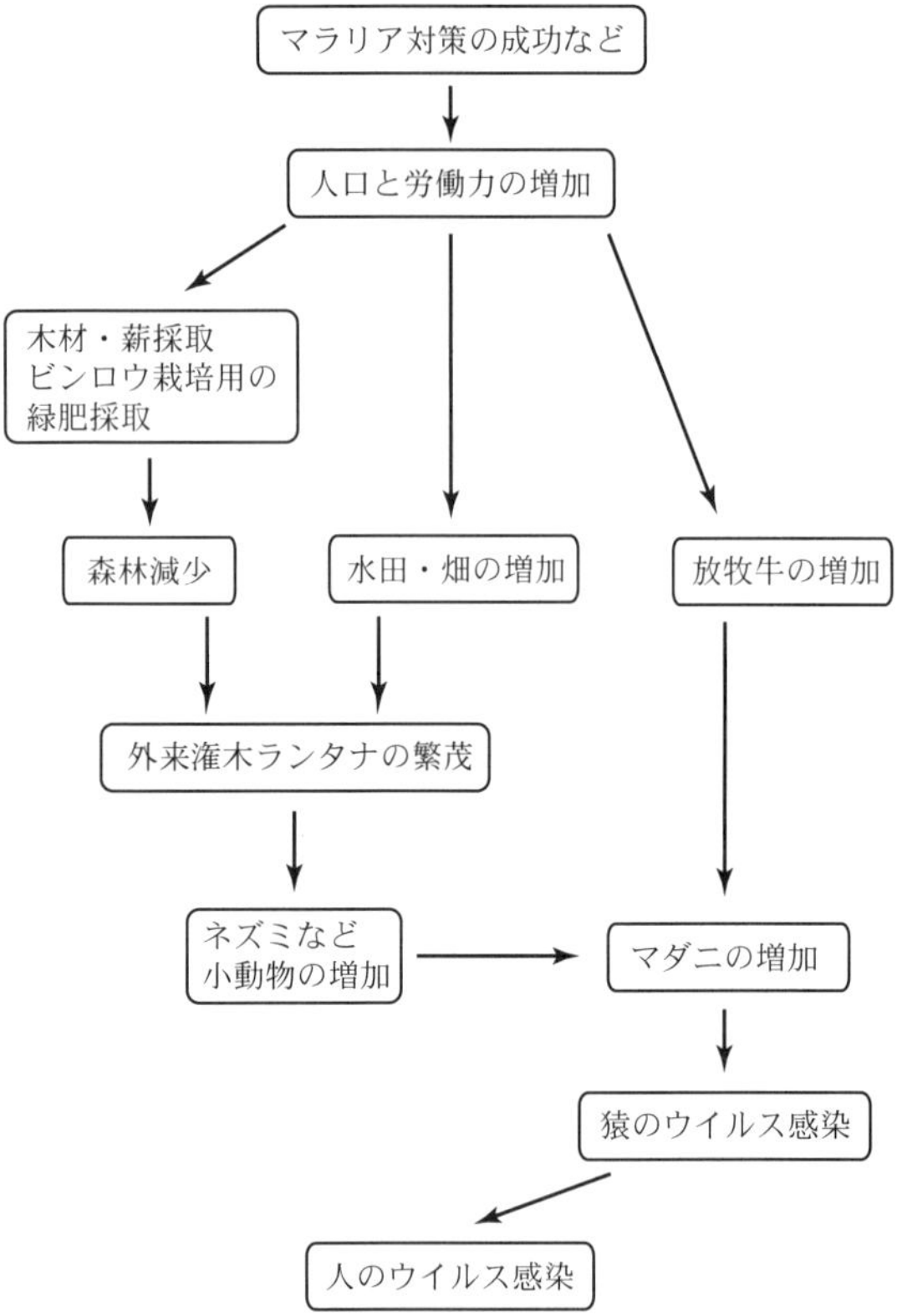

図20　キャサヌール森林病が人の病気として流行するまでの環境要因のかかわり。Boshell, 1969, Am. J. Trop. Med. Hyg. 18: 67–80の説明に基づき作図。

たこと、予想できなかった危険も生じる。開発による環境の変化が、生態系の複雑な網目を介して、予想外の危険を引き起こす可能性は常にある。

一例としてキャサヌール森林病を紹介する。このウイルス病は、一九五〇年代末にインド南部の農村に突然出現した。発熱、頭痛、筋肉痛などを伴い、五〜一〇％が死亡する。マダニの吸血で感染すること、小型哺乳類や鳥類が病原ウイルスをもつことが分かったが、ウイルスの分布に比べて、人が感染する地域は限られていた。調査の結果、意外な因果関係が明らかになった。

発端は人口と労働力の急増である。それには、マラリア対策の成功も寄与した。材木や薪を得るための伐採と水田や畑の造成が進み、牛の放牧も盛んになった。耕作地と森林の境目には、南アメリカ原産で野生化した灌木ランタナが密生し、ネズミなどの小動物の棲み場所になった。その結果、小動物や牛から吸血するマダニが急増した。特に親ダニが吸血しやすい牛の影響は大きかった。しかしウイルスはネズミや牛の体内ではあまり増えないので、ダニのウイルス感染率は低い。人への感染が起こるためには、ウイルスが増殖しやすい動物が必要である。その役割を猿が果たした。増えたダニは森林の猿を吸血する。感染した猿は、ウイルスの増殖によって死亡する。キャサヌール森林病は、人の病気として認められる前に、猿の大量死によって顕在化した。感染猿から吸血したダニは、木をとるため森に入った人を吸血して感染させる。マラリア対策、人口増加、森林伐採と農業開発、牛、ランタナ、小動物、猿、人の行動などの要因が結び付き、動物間で維持されていたウイルスが、人の病気として顕在化した。

こうした因果関係を予測し予防対策を講じることは、ほとんど不可能に思える。現実的な次善策は、早期に危険を発見して対処することであろう。猿の大量死は危険信号だし、マダニやネズミの増加も健康にかかわる注意信号である。開発地では環境監視体制を強化し、特に熱帯では、媒介病や寄生虫病にかかわる可能性がある動物を監視項目に含める必要がある。担当者に生態学の素養があれば監視力は高まる。

分かりやすいＨＩＡを

「金持ちの分野が開発し、貧乏な保健分野が後始末をする」といわれるように、健康対策での重要課題は資金獲得である。ＷＨＯは、二〇〇一年末に「経済開発のための健康への投資」を発表し、先進国に対して、低所得国の健康対策への投資を促している。そこでは、健康対策の推進は、地域の経済発展を促し、その結果、投資を上回る便益が生まれると主張されている。経済優先の世界での資金獲得には、経済効果を示すと説得力がある。経済発展が住民の生活や環境の改善につながれば、病気を減らす大きな効果が期待できる。しかし、経済性の強調は、経済効果が期待できない対策が後回しにされてしまうおそれと隣り合わせでもある。健康対策の経済性の評価に使われる指標には、健康状態を数値化できるのかという基本的問題に加えて、抽象

表 21　分野により意味が違う言葉の例。

英語	医学	工学
Vector	媒介者・ベクター	ベクトル
Reservo(i)r	病原体保有動物・保虫宿主・リザバー	貯水池・貯水湖・リザバー

化によって具体性が失われ、分かりにくくなるという問題もある。

ＨＩＡが有効であるために最も大切なことの一つは、分かりやすさであると思う。保健分野以外の人たちや住民の協力がなければ、健康対策は成功しない。専門家は特殊な言葉を使いがちだが、理解しあうという言葉の原点に立ち返れば、良いことではない。誰でも分かる一般的な言葉で述べることは、簡単でない場合もあるだろうが、可能なはずである。

用語の共通化も大切である。開発と媒介病が研究課題になってから、工学部や開発現場のエンジニアにも教えを乞うことになった。そこで驚いたのは、表記や発音が同じなのに意味が違う言葉があることだった。お互いに説明しないと話が通じないし、誤解のもとにもなる。異なった分野間の交流の少なさの証であろう。

カナダでは、住民自身によるＨＩＡの可能性が検討された。ＨＩＡにとって最も大切な客観性の確保には、住民とは違う立場の専門家の参加は必須である。しかし、外部の人による短期調査には限界がある。現地で長く暮らす人でないと分からないこともあるであろう。住民参加による分かりやすいＨＩＡを発展させることは、これからの課題である。

18章　対策――二一世紀に向けて

二〇世紀の媒介病対策――対種防除と限界密度

この章では二〇世紀の媒介動物対策を導いてきた考え方を検討し、そのうえで二一世紀の対策を考える。二〇世紀は、昆虫による病気の媒介が発見されてからの一〇〇年でもある。この間、世界的に最も重要な媒介病はマラリアで、マラリア対策の中心は媒介蚊対策であった。蚊対策の手段（環境的方法や殺虫剤など）についての記述は多いが、その根底にある考え方に触れられることは少ない。

二〇世紀前半の媒介者対策を支えた考え方は、対種防除species sanitationである。この言葉の起源は必ずしも明確でない。一説では、インドネシアのマラリア対策に名を残すオランダの動物学者スウェレングレベルが、マレー半島のマラリア対策を進めたイギリス人医師ワトソンの業績を称えて提案した。意味は、病気の媒介種を明確にし、その種の生態に応じた対策を講じることである。

熱帯の一地域には、普通、ハマダラカが二〇種以上いる。種ごとにボウフラが発生する水域は

写真 60　人おとり法で吸血にくる蚊を採集。タイ。

異なる。形態では見分けにくい蚊の中に、性質や媒介能力が異なる複数種が含まれていることも普通である。対象地域で重要な種を知り、その性質やボウフラの発生水域を知らないと、対策を効率良く実施できない。

ワトソンやスウェレングレベルが活躍した二〇世紀初めは、ハマダラカの分類が始まったばかりだった。蚊によるマラリア媒介の発見という偉業をインドで成し遂げたイギリスの医師ロスも、灰色の蚊とか羽がぶちの蚊などと記述している。今では当たり前に思える対種防除も、マラリアの研究や対策を進めるうえで大きな力になった。

マラリア蚊対策の考え方は二〇世紀半ばに大きく飛躍した。マラリアの流行を数式で表そうとしたロスの先駆的試みは、イギリスのマクドナルドによる数理モデルに結実した。彼はモデルによってマラリア流行にかかわる要因を評価し、「媒介者の限界密度」という概念を確立した。媒介者を全滅させなくても、限界密度以下に保てばマラリアはなくなる。限界密度が高いほどマラリアをなくすことは容易である。限界密度の高低には、媒介蚊の性質に加えて人側の要因、例えば吸血されやすさや抵抗力などがすべてかかわっている。限界密度は一人の人が吸血される回数として表すことができる。対策によって、吸血される回数がそれ以下になればマラリアは減っていくが、それ以上であればマラリアはなくならない。この数値を、個々の地域で具体的に決めることは容易ではない。しかし、この概念の導入によって、対策の目標が媒介蚊の絶滅から限界密度以下に下げることに変わった意義は大きい。

対種防除と限界密度は、マラリアに限らず、二〇世紀の媒介者対策を支えてきた考え方である。これらを基礎としている点では、殺虫剤による対策も環境的対策も同じであった。その重要さは今も変わらない。媒介者対策の基本は媒介種の特定である。形態的に区別できない種の鑑別に分子レベルの技術が導入され、正確で迅速な同定法が開発されつつある。マラリア対策の効果判定は、今も、人おとり法（人がおとりになり一定時間内に何匹の蚊に刺されるか調べる）が標準である。

経済害虫と衛生害虫

二〇世紀前半の媒介者対策では、殺虫剤だけでなく、天敵や家畜の利用、環境的方法などを組み合わせて使った。ところが、一九四〇年代にＤＤＴやＢＨＣが使われ始めると、その目覚ま

表22　衛生害虫と経済害虫でのIPMの違い。

観点	衛生害虫	経済害虫
守る対象	住民	経済生産物（商品）
目的	健康	利益
受益者	住民	主に個人・企業
意思決定者・実施者	住民と行政組織	主に個人・企業
財源	税（通常は不足）	投資
手段の評価	費用対効果	費用対便益

しい効果に他の方法が忘れられ、有機合成殺虫剤一辺倒になってしまった。一九五〇年代には、ＤＤＴやＢＨＣによってマラリアは近いうちになくせると期待された。しかし一九六〇年代には、抵抗性の発達による効果の低下に加えて、人体や環境への悪影響が大きな社会問題になった。その解決法として期待されたのが総合防除である。

総合防除では、殺虫剤だけに頼らず、利用できるいろいろな手段を組み合わせて、有害動物の密度を許容できる水準まで下げることを目ざす。この考えは、まず経済害虫対策の中で発展し、少し遅れて一九七〇年ころ、媒介動物対策に導入された。総合防除の成功には、自然の生態系の働き、例えば天敵などの力を最大限に生かすことが必要である。そうした考えをより明確に表すため、一九八〇年代以降は、総合的害虫管理ＩＰＭという言葉が使われている。

ＩＰＭといっても、対象が経済害虫と衛生害虫とでは大きな違いもある。経済害虫が害するのは、農作物や家畜や樹木とそれらの生産物、建築物など、人が所有する物である。衛生害虫は人を直接に害する。病気の媒介者は、最も重要な衛生害虫である。守る対象の違いから、対策での考え方も違ってくる。

経済害虫対策は投資であるから、対策費を上回る利益が期待できるなら、借金しても投資したほうがよい。最終的に得になるなら、大きな投資もできる。逆に、対策を講じても最終的に損と予測される場合は、その場所と時に限れば、対策をしないほうがよいこともある。

一方、衛生害虫、例えばマラリア蚊対策での経済的課題は、限られた資金を最も効率良く使うことである。どの方法を使ったら感染者が最も少なくなるか、検討する。対策によって感染者をなくすことはできなくても、助かる人がいれば実施する必要がある。しかし、感染者を減らすうえで蚊対策より有効な方法があれば、そちらに資金をまわしたほうがよい。例えば、発病者の治療に資金を集中したほうがマラリアを減らす効果が大きく、住民にも喜ばれるとすれば、媒介者対策を止める根拠になる。

媒介者対策と環境保全の矛盾

二〇世紀後半、温帯の先進国では、蚊対策と環境保全の矛盾が鮮明になってきた。蚊対策としては水たまりをなくすことが最もよい。大きな水たまりである湿地の蚊に対しては、湿地をなくすことが、完全で永続的な対策になる。実際、マラリア蚊対策では、排水や埋め立てによって

写真 61　マングローブが茂るフロリダ海岸の塩水湿地。蚊対策のため1956年に設立されたフロリダ衛生昆虫研究所は今も世界の蚊研究拠点の1つ。

湿地をなくすことが実施されたのである。ところが、環境と生物多様性の保全が社会の関心事となった今では、開発によって失われていく湿地生態系の保全が緊急の課題になっている。

フロリダ州海岸の湿地は貴重な動植物の生息地であると同時に、汽水性のヤブカの生息地でもある。これらのヤブカは、時々水がたまる不安定な海岸の湿地に発生し、飛翔力が強いので、被害は離れた住宅地にも及ぶ。ケネディ宇宙センターに隣接するメリット島国立野生生物保護区では、一九五〇年代から六〇年代初め、蚊対策のために湿地改変工事がされたが、一九九〇年代以降は、復元工事がされている。更に南下するとペリカン島国立野生生物保護区がある。一九〇三年、ルーズベルト大統領によって設置された、アメリカで最古の国立野生生物保護区である。ここでは、野生生物保護と蚊対策の両者を考慮した水管理がされているが、それだけでは蚊の発生を許容できる水準に保てないので、殺虫剤も散布されている。ボウフラ以外の生物に対する毒性が低い微生物剤と昆虫ホルモン剤が使われているが、他の水生生物への影響が皆無ということはありえない。湿地生態系保全を最優先すれば、蚊対策はできなくなる。

住血吸虫症の流行地であった筑後川流域で、中間宿主カタヤマガイは絶滅したとみなされている（17章）。

写真 62　カタヤマガイに対する環境改変。(a) カタヤマガイ。目盛りは1mm。(b) 筑後川河川敷は憩いの場として整備された。(c) 甲府盆地の水路（小松信俊さん提供）。住血吸虫症対策のためにつくられたことが標示されている。

寄生虫病対策として世界に誇れる成功例である。同様に流行地であった甲府盆地では、住血吸虫はいなくなったが、貝は厳重な監視のもとに生き残っている。しかし、九州の貝とは遺伝的に違うであろう。もともと日本での分布は数カ所に限られていたので、生物学的には貴重種であった。環境省の二〇〇〇年版レッドリストでは絶滅危惧一類（絶滅の危機に瀕している種）とされている。甲府盆地では、カタヤマガイが減っただけでなく、国の天然記念物であった鎌田川流域のゲンジボタルが姿を消し、一九七六年に指定解除になった。カタヤマガイ対策に使われた薬剤などの影響が大きかったとされている。カタヤマガイ対策は、潅漑施設の近代化と安全な環境づくりであると同時に、環境の均質化と生物多様性の減少でもあった。

有害動物対策の必要性に隠されていた矛盾が、先進国から顕在化してきている。媒介病が深刻な熱帯の発展途上国で、対策優先は当然である。しかし、対策が進むほど、環境保全との調和が大きな課題になってくるであろう。

害虫管理から生物多様性管理へ

環境保全との両立は、有害生物対策に共通の課題である。米を生産するために、害虫や病気や雑草の除去が最優先されてきた水田も、多様な生物が棲む湿地生態系としての側面が高く評価されるようになった。人がつくった環境ではあるが、水田稲作の歴史が長いアジアの湿潤地帯では、本来の環境といえるほどである。故郷といえば、水田のある風景を想起する人は少なくないであろう。

ＩＰＭでは害虫を含む生態系の理解が必要である。害虫対策のために、生態系に含まれる捕食者などの働きを利用することを考える。しかし管理の中心は害虫である。水田生態系保全を更に積極的に考えるため、桐谷圭治は、総合的生物多様性管理ＩＢＭを提唱している。

ＩＢＭでの管理対象は生態系そのものである。害虫対策も生態系保全の一環になり、ＩＰＭよりいっそう総合的な考えが求められる。課題は、生物多様性を維持しつつ害虫の被害を許容できる水準に抑えることである。

ＩＢＭでは、害虫でも益虫（天敵）でもない「ただの虫」の働きが強調されている。生物多様性といえば、蝶やトンボなど姿や働きが目立つ生物に目が向きがちである。しかし、生物多様性の大きな部分を占めるのは、人の生産活動や喜びと目に見えるかかわりをもたない生物である。その中には、名前もついていない種がいくらもいる。多数派でありながら光が当たることが少なかったこうした生物の働きについて、分かっていることはまだ限られる。しかし、彼らは生物多様性そのものであるから、その働きは生態系の機能そのものといえよう。

第一部で述べてきたことを振り返ってみよう。水田が蚊の発生しやすい場所になる場合には共通点があった。それは、水生生物の多様性が失われ単純になる場合である。天敵を減らす農薬や乾燥、天敵がいない新水路や新水田、そうした条件で蚊が大発生する危険性が高まる。多様性を維持することが安定して長続きする蚊対策になる。蚊が発生しなくなることはないが、自然の力を生かして蚊を減らせば、人や家畜の側の防御も効果を上げやすい。ＩＢＭが成功すれば蚊対策にも大きな力になることが期待できる。

生態系の栽培

今、日本の水田では稲だけ収穫される。水田での養魚やアイガモ飼育はニュースになるほど少ない。しかし東南アジアの多くの地域で、水田や水路やため池は、今も魚や野菜を収穫する場所である。昆虫を含むその他の小動物を利用する地域もある。

一九七〇年代に東北タイの水田生物相を研究したヘックマンは、いろいろな生物を利用する伝統的な水田管理法を、「水田生態系全体を栽培し、その一部、例えば稲や魚を収穫する」と表現した。ここにはＩＢＭの基本が平易に表現されている。二一世紀の農業技術として提案されたＩＢＭには、伝統的知恵の復活という面もある。

水田生態系のいろいろな生物を収穫することができるのは、生物にとって多様な棲み場所、言いかえれば異質性があるからである。風景として眺める水田は広大な均質環境に見えるかもしれない。しかし一見同じように見える隣どうしの水田も、ボウフラの棲む環境としては全く違うかもしれない（2章）。三〇年前に初めて水田に入ってボウフラをすくったとき、異質性と可変性に驚かされた。隣どうしの水田でも、一方にはボウフラが多数いるのに他方には全くいない。ある日にボウフラが多数いた水田に翌日にはほとんどいない。多様性は、自然条件だけでなく、水や稲の管理法にも由来する。しかも、水田の様子は刻々と変化する。雨が降っただけでも、水質は大きく変化する。季節的変化も大きい。

蚊の環境として見たとき、世界の水田には共通点がある（3章）。水田を見るときに共通点を念頭におくことは重要だが、それは水田の一面であることも忘れてはいけないことである。異なる点に着目するなら、地域のような大きな単位から一枚の水田という小単位まで、あらゆるレベルで異質性を認めることができる。

二〇世紀の有害動物対策は、小さな異質性に配慮せず、対象地域の均質性を前提として進められてきた。異質性は対策を困難にする要因である。能率を考えれば、できるだけ広い地域で同じことをするほうがよい。広域均質を前提とした典型的対策は、航空機による薬剤散布である。アメリカでは蚊対策としても実施されてきた。殺虫剤や水管理による対策は、広域で実施されるほど、対象種に対しては一時的には効果が大きい。しかし、対象種以上に天敵への影響も大きく、長期的には新たな問題を生む。

被害を受ける人の側の異質性も大きい。地域や村による違いだけではない。同じ村内でも、個々の家の立地条件や構造、職業や生活慣習、家族構成、蚊対策はいろいろである。同じ村に暮らしていても、蚊から吸血されやすさは大きく違う。一律の対策では、不要な対策や効果のない対策まですることになり、環境への意図しなかった影響も大きくなる。媒介病対策での小さな違いの重要性と微視疫学ミクロ・エピデミオロジーの必要性が広く認識されたのは、二〇世紀も終わりになってからである。

13章と14章で触れたように、多くの有害な蚊は、人がつくり出したものである。そして、今も、彼らの繁栄を助けている。人が自ら招いた蚊による自ら招いた被害であれば、その対策として原状回復が有効なはずである。具体的には、異質性の尊重と強化による生物多様性の回復は有害な蚊の発生を抑制するはずである。私がＩＢＭに期待する根拠はここにある。

手段の総合――スイスチーズか

害虫対策にはいろいろな手段がある。それらをどのように使うか、実際上の大きな問題である。対策の効果を上げるため複数の手段を総合して使う場合、しばしば、均質な場所で同時に重ねて使うこと（重層的または垂直的総合）が、暗黙のうちに想定されていたように思う。大切な点なので、改めて、異質性の尊重と調和する使い方を検討しておきたい。

経済害虫対策の場である水田、畑、果樹園、植林地などは、一見すると、比較的均質に見える。対象地域が均質であれば、同じ手段が有効である。典型的な例は、施設栽培での害虫対策である。均質な場で複数の手段が使われるので、手段間の矛盾は許されない。薬剤であれば、害虫には有効で天敵には無害という、強い選択性を求められる。複数の手段を重ねて効果を上げても、対策地域外から入ってくる数が多ければ効果は薄れるから、対象種が移動しないことが望ましい。この点でも、閉鎖的な施設は集中的な対策に適している。

媒介者に対しても、複数の手段を重ねて使うことがある。デング熱媒介蚊は移動力が小さいので、集中的な対策に適している。生活に必要な水ためからの蚊発生を完全に断つため、天敵(魚やケンミジンコなど)と選択的薬剤(微生物剤や昆虫ホルモン剤)を同時に使うこともあるし、更に幼虫対策と成虫駆除のための薬剤散布を同時にすることもある。

住血吸虫症対策でも複数の手段を重ねることが推奨された。水たまりの排水、中間宿主貝の薬剤による駆除、人に対する投薬、水道水の供給など、どの手段も完璧ではなく、必ず「穴」ができるので、重ね合わせて穴をふさぐ。世界各地の水資源開発地で住血吸虫症対策にかかわってきたジョビンは、スイスチーズ戦略という言葉を提案した。スイスのエメンタールチーズ内には空洞がたくさんある。薄く切るとあちこちに穴があいているが、それらを重ね合わせるとすべての穴がふさがる。

複数の手段を重ねれば、大きな効果を上げうる。しかし全域で複数の手段を使えば金がかかるうえ、必要以上の対策をしてしまうことは避けられない。集中的対策が必要なのは緊急時だが、実施が可能なのは経済力が高い国であろう。

それともジグソーパズルか

なぜ「穴」ができるのだろうか。それは、環境が異質な場の集まりだからである。そこで、私は、異質性を前提として、いろいろな手段が重ならないように使うこと（単層的または水平的総合）を提案している。それぞれの場の物理的、生物的そして社会的条件に応じて、実施が容易で効果が高い手段を一つだけ採用する。個々の場では一手段だが、広い地域を見ればいろいろな手段が使われている。

いろいろな手段の効果を総合するのは、人ではなく、対象種である。害虫の移動力が大きい

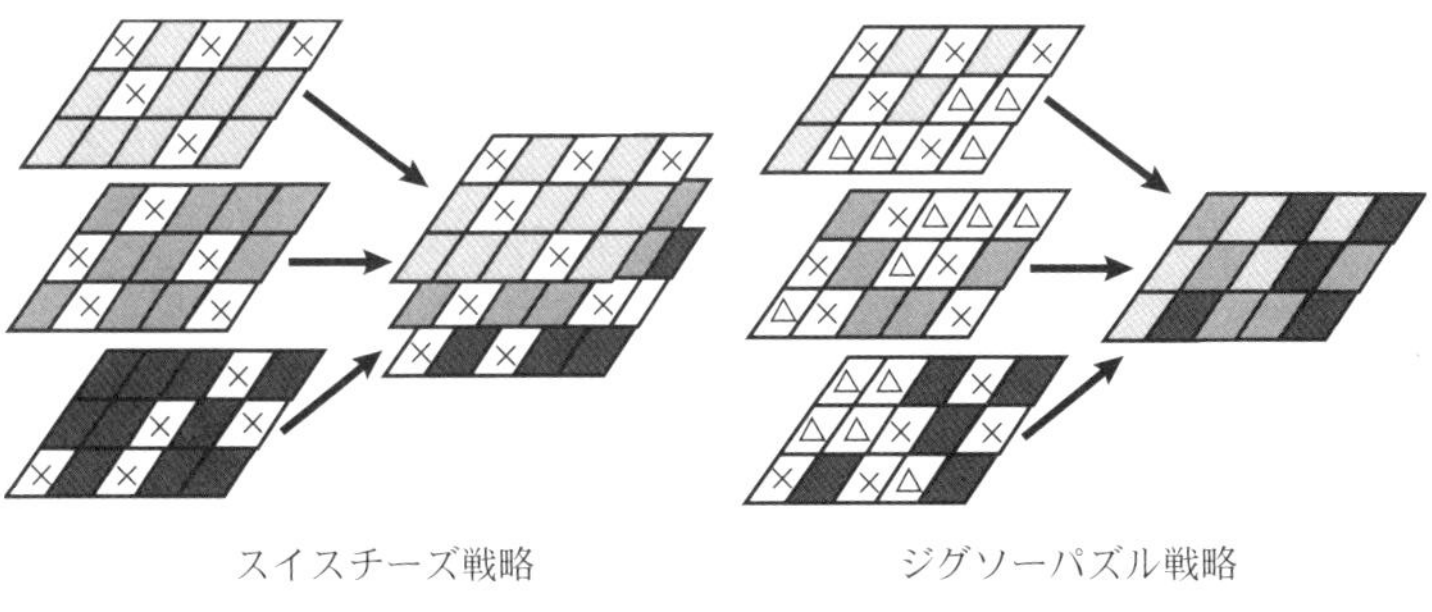

図21　スイスチーズ戦略とジグソーパズル戦略の比較。対象地域が15の小地域からなり，灰色の濃淡で区別される3手段がある。スイスチーズ戦略では3手段を全地域に適用するが，小地域ごとに条件が違うので，×で示した小地域では効果がない。ジグソーパズル戦略では×地域だけでなく，他の手段がより有効である△地域にも適用しない。

と、ある場所にいた害虫は、すぐに他の場所へ移動する。水田の蚊は、毎日、飛び回る。ある家にくる数は、周囲全域での対策が総合された結果である。重層的総合が効果を上げる前提は害虫が移動しないことだが、単層的総合が効果を上げる前提は、害虫の行動力が大きく広い地域を移動することである。行動力が大きいほど、個々の場でされた対策の効果が広い地域に及ぶ。水田媒介蚊の対策を困難にしてきた彼らの大きな行動力を、逆に利用する。

単層的総合の利点はいくつもある。一場一手段なので無駄がない。その場に適した手段を採用するので、確実に効果がある。いろいろの手段が使われるので抵抗性が発達しにくい。個々の場に適した手段を実施者が選ぶので、対策への理解と責任感が増す。単層ですき間なく全面を覆うという特徴から、スイスチーズ戦略に対比させて、ジグソーパズル戦略と名づけた。

個人の知識が重要

個々の場といっても、実際の単位は、例えば一つの村から一枚の水田まで、いろいろある。ある程度大きな単位だと、個々の場の特徴を把握するために、地理情報システムＧＩＳなどを利用できる。しかし現場での確認は欠かせない。単位が小さくなるほど、現場を知る人による情報が必要になる。

しかし現場にいても分かりにくいこともある。スラウェシの水田農村で蚊の被害についてアン

写真 63　村での調査に集まる子供たち。ひしゃく内のボウフラに興味津々。西チモール。

ケートをした際（5章）、蚊の発生場所や天敵についても尋ねた。あらかじめ記載した中から、数を制限せずに選んでもらった。
　発生場所の選択肢には水たまり以外の場所（土、腐敗物、草むらなど）も含めたが、草むらの一二％以外はほとんど選択されなかった。水たまりの中で最も多く選ばれたのは下水で、二七％の人が蚊の発生場所と考えていた。次いで屋外の水ため容器、屋内の水ため容器、水田、水路が大差なく二〇％弱、池と湿地がそれぞれ約一〇％と続いた。水田は、三村の平均が一八％だが、天水田村七％、小規模潅漑村一八％、潅漑村三〇％で、潅漑施設が発達するほど発生源としての認識が増えた。蚊の発生と水を結び付けていることが分かる。しかし、竹の切り株や樹洞を選んだ人は三～四％にすぎず、見えない水たまりは見逃されていた。

天敵は身近な動物一〇余りから選んでもらった。ネズミ、小鳥、ゴキブリ、エビは、ボウフラあるいは蚊の天敵としてほとんど選ばれなかった。正しい認識であろう。

ボウフラの天敵として七〇％の人が魚を認めたが、ヤゴやゲンゴロウは一～二％にすぎなかった。蚊の天敵としてはヤモリが七六％、クモが一二％であった。カエルは蚊に対して二％で、ボウフラに対する四％より少なく、天敵として認められていなかった。昔から蚊の有力な天敵とみなされてきたコウモリも、ほとんど選ばれなかった。住宅地や水田農村のコウモリの糞にも、時に、多数の蚊の残がいが確認される。巣箱をかけて増やすと蚊対策になると宣伝されるが、吸血被害を減らすほどの影響があるのか、分かっていない。

アンケートの結果は、生産や生活に直結しないことは意外に分かりにくいことを示している。村で調査すると、身近な水たまりのボウフラに驚く人が多いが、子供は理解したことをすぐ応用し、思いがけない水たまりを見つけてくれる。知識は知る機会があればすぐに普及し、対策に役立つ。

均質化の二〇世紀から異質化の二一世紀へ

二〇世紀の後半、世界は均質化への道を急速に進んできた。世界中の人が同じ価値観をもち、同じ物を使う生活へ押しやられてきた。特に最近の二〇年間、その速度はいっそう速まったように思える。情報の共有は相互理解を進める力になるが、価値観の均質化は創造力の低下につながりかねない。

水資源開発でも、二〇世紀の中ごろまでは、広大で均質な農地をつくり出すために、巨大ダムの建設が相次いだ。それは生産力の向上に一定の寄与をしたが、失われたものも大きかった。均質化は生物的自然の進んできた方向に逆行していたからである。生物的自然は常に異質性と多様性を高める方向に変化してきた。天変地異によって一時的に均質化することがあっても、必ず異質性と多様性を回復してきた。

媒介病対策という人の一つの活動も、異質性と多様性の保持と強化という自然の歩みに沿った方向で考えられたときに、最も合理的になる。冒頭で述べたように、水が豊かな環境は、人以外の多くの生物にも好ましい。多様な水域に形成される生態系の中には、人に好ましい生物もいれば有害な生物もいる。有害な生物を完全に取り除こうとすれば生態系の破壊につながる。水が豊かで多様な生物がいる環境を望むのであれば、共存以外に道はない。蚊による媒介病はなくさなければならないが、多少の吸血被害は受け入れなければならないだろう。

異質性と多様性の保持と強化ということは簡単だが、現実的には幾つもの困難が立ちはだかっている。少し前に、ジグソーパズル戦略の利点をあげた。しかし、良いことだけではない。大きな欠点は実施が複雑になることである。たとえ個々の場では実施が容易でも、多くの人たちの参加を求め、矛盾がないように全体を統合していくことは大変な仕事である。効率を優先すればできなくなる。

もっと大きな困難は、参加する人たちの間に生じる不平等の解決である。誰もが少しでも豊かで快適な暮らしを求め、そのために必要なことを優先する。生産と生活の場で、全体のために違うことをするのは、本当に難しいことだと思う。媒介者対策で殺虫剤が速やかに普及したのは、その効果に加えて、単純で平等なことであった。殺虫剤を散布する人がいれば、どこでも同じように実施できた。

それらの困難を克服して一場一手段で媒介者の数を減らすことができても、それだけで病気対策が成功する保証はない。ジグソーパズル戦略による媒介者対策が目ざすのは、総合的な環境づくりの一環としての病気対策への貢献である。それは、一つの分野、一つの手段での問題解決が求められ強いられてきたこと、多様性と異質性を犠牲にした効率と行き過ぎた競い合いへのアンチテーゼでもある。

先はまだ遠い

突如出現したサーズに対する国際的対応は速やかだった。国内感染が確認されなかった日本でも、サーズを知らない人はいないだろう。鳥インフルエンザやウエストナイルについても、世界の情報が即座に流れる。ところが、マラリアで毎年一〇〇万人が死亡することは知らない人も多い。マラリア以外の熱帯の寄生虫病や媒介病になると、名前を知る人さえ少ない。マラリアの病原体や蚊媒介が確認されてから一〇〇年たったが、熱帯での対策は遅々として進まない。これらの病気が先進国で深刻な問題であれば、状況は一変するだろう。

国際機関も先進各国も、いろいろな形で、それらの病気をなくす努力をしている。二〇世紀末に始まり今も進行中の動きとして、WHO・UNICEF・UNDP・世界銀行による「マラリア撃退のための連携」RBM、アフリカを対象とした「マラリアに関する多国間イニシアチブ」MIM、そして橋本イニシアチブによる国際協力事業団の寄生虫対策計画などがある。特にRBMはマラリア被害を二〇一〇年まで半減、二〇一五年までに更に半減という数値目標を掲げている。しかし重点は殺虫剤とマラリア薬におかれている。即効性で薬剤に勝る対策はない。強力な武器として薬剤やワクチンの開発は当然であるが、一面では、特定の物に頼る戦略を不安に思う。DDTでマラリアをなくせると考えた五〇年前と同じ発想で、持続的な成功が期待できるだろうか。

最も大切なことは、病気が存在できない環境をつくることである。過去に起こった「自然消滅」(16章)を、意図的に起こすことである。しかし、環境や生物の多様性も道連れにした自然消滅は繰り返せない。これからの課題は、環境や生物の多様性と異質性を守り強めながら、病気を自然消滅させることである。これほどの努力が成功しないのに「自然消滅」とはとんでもないといわれそうだが、私の主張は無為ではなく、努力の配分を変えることである。今までの努力が最適であったか、十分な検討なしに進むのでは、同じ失敗を繰り返すことになるかもしれない。

過去の「自然消滅」とは違い、現場は熱帯の経済力に乏しい国々である。遠い目標を引き寄せることができるとすれば、それは、住民を含むすべての分野の人々の共同の力だけある。環境づくりと組み合わされたときに、薬剤のような武器も最大の効果を発揮できる。

人の生活と環境の変化は、常に新たな感染症を生む危険性をはらんでいる（14章）。地球上の多様な生物がつくる生態系とその働きについて、人が知っていることは限られている。人を脅かす病原体が、いつ、どこから出現するか、予測できない。しかし、既に人がつくってしまった媒介病や寄生虫病の問題を押さえ込む環境をつくり、新たな問題を早期に見いだして芽のうちに摘みとることは、人が、今、もっている知恵で可能であると思う。

これも冒頭で述べたことだが、開発や技術革新による環境変化は、病気を増やす危険と減らす力を併せもつ。危険であると同時に、病気対策を進めるこれほど大きな機会はない。その機会を全く利用してこなかったのが、これまでの歴史であった。知恵がありながら、それを使わなかったのである。

問題は更にある。媒介病や寄生虫病は、当事者の技術や努力だけで解決できる問題ではない。かつて、大森南三郎先生は、九州のフィラリア症対策と関連して、「貧乏だと蚊に吸血されやすい」と述べている。五〇年たった今も、貧しさと媒介病の強い結び付きは変わらない。媒介病の被害を最も受けやすいのは経済的弱者であり、地理的なへき地や社会的なへき地の人々である。第一部で紹介したインドネシアの移民村は、地理的へき地と社会的へき地が重なった場所であり、そこには媒介病がいつ流行しても不思議ではない条件がある。経済的な弱者を生み出すことは社会全体の責任であるから、弱者を生み出す社会を変えない限り、問題の本当の解決はできないことになる。ここに最も大きな難しさがある。

熱帯の媒介病や寄生虫病対策の効果を上げるため、被害を受ける人たちのＫＡＰ（知識・態度・行動）の大切さが強調されている（16章）。今、それにもまして問われているのは、人類全体のＫＡＰなのである。

終わりに

アジアの多くの地域で、水田は子供に最も身近な環境である。私が子供時代を過ごしたのは米どころ越後平野の真ん中で、多様な生物に満ちた水田や水路は楽しい遊び場だった。病気を取り除けば、水田はすばらしい環境である。水田の蚊の調査は体力を要する仕事である。引退したいと思いつつ、定年間近の今まで、細々とではあるが続けてくることができたのは、水田への思い入れがあったからかもしれない。

このような多分野にかかわる主題で執筆することは、生態学の一隅に身を置いてきた私の力にあまる企てだったかもしれない。そうしたことをあえて企てたのは、媒介病の研究にかかわりながら、どこの病気を減らすことにも貢献していないことへの負い目を、少しでも埋め合わせたい気持ちがあったからである。誤りがないよう心がけたが、誤解や理解不足があることを恐れる。気づかれた点は御指摘いただければ、機会ある折に改めたい。

五年前に『ファイトテルマータ』と題する小さな本を出版した。その主題は、開発とは遠い、小さな生物たちの世界である。しかし本書と合わせ読んでいただければ、その底に流れる物は共通であることを理解していただけると思う。それは多様性と異質性、小さな物が形成するでこぼこの大切さである。

謝辞

本書には、三〇年以上にわたる研究生活の中で経験し、考え、感じたことが含まれている。その間の研究を支えてくれたすべての方々に感謝したい。なかでも、この一〇年ほどのインドネシアでの経験は、本書の大きな部分を占める。ここではインドネシアでの調査を援助して下さった方々の一部のお名前をあげ、深甚の謝意を表したい（順不同）。日本の大学と研究所の方では多田功、鎮西康夫、砂原俊彦、宮城一郎、當間孝子、上村清、倉橋弘、矢部辰男、岩佐光啓、江口由美の各氏、開発関係の方では有賀直記、故武田信明、秋月勲、佐藤周一、渋田健一、大山英治、野本剛、鈴木隆文の各氏、ハサヌディン大学の方ではラシャド・ハイルディン、マムール・セロモ、シャフルディン、イスラ・ワヒドの各氏、お名前は省くが、インドネシアの厚生省、水資源開発局、科学院の方々、調査地の灌漑担当者、保健所、村の方々、佐賀医科大学国際医療研究会の学生諸君、すべての方々のご協力に深く感謝する。また水田英生、白井良和、都野展子、小松信俊の各氏には写真を提供していただいた。明記して謝意を表したい。

IRRI/PEEM. 1988. Vector-borne disease control in humans through rice agroecosystem management. pp. 237. International Rice Research Institute (IRRI) Communication and Publication Department, Manila, Philippines.

Oomen, J.M.V., de Wolf, J., and Jobin, W. 1988. Health and irrigation. Incorporation of disease control measures in irrigation, a multi-faceted task in design, construction, operation. Vol. 1 and 2. pp. 304 and pp. 119. ILRI Publication 45. International Institute for Land Reclamation and Improvement, Wageningen, the Netherlands.

Pike, E. G. 1987. Engineering against schistomiasis and bilharzia. pp. 240. Macmillan, London.

WHO. 1982. Manual of environmental management for mosquito control, with special emphasis on malaria vectors. pp. 283. WHO Offset Publication 66. WHO, Geneva.

WHO. 1988. Environmental management for vector control. Training and information materials. Slide set series. 下記アドレスでダウンロードできる。PDF版もある。上に掲載したWHO 1982の内容の一部を含む。
http://www.who.int/water_sanitation_health/resources/vectcont/en/

WHO. 1996. Agricultural development and vector-borne diseases. pp. 83 + 180 color slides. WHO, Geneva. 同じ内容が下記アドレスで公開。
http://www.who.int/docstore/water_sanitation_health/agridev/begin.htm

WHOの健康影響評価に関するホームページ
http://www.who.int/hia/en/

下記の本は対策には触れていないが，水資源開発と病気の問題が広範で深刻であること，諸分野の協力による対策が必要であることを最も早期に指摘し，この分野の古典ともいえる文献なので掲載しておく。

Stanley, N. F. and Alpers, M. P. (eds.) 1975. Man-made lakes and human health. pp. 495. Academic Press, London.

参考文献

本書の主題は多分野にかかわっているため，膨大な文献がある。私が見たのは一部にすぎないが，それでも掲載するには多すぎる。ここでは，熱帯での開発と媒介病・寄生虫病対策を主題とした総合的な出版物のみを掲載する。インターネットによっても有益かつ最新の情報が得られる（アドレスは2006年1月に確認）。現場で役立つ具体的な情報の集約が日本でも出版されることを期待したい。

5～8と13章で紹介したインドネシアでの調査の詳細は，学術論文として発表する予定である。

Asian Development Bank (ADB). 1992. Guidelines for the health impact of development projects. pp. 45 + appendices pp. 132. ADB, Manila, Philippines.

Birley, M. H. 1989. Guidelines for forecasting the vector-borne disease implications of water resources development. PEEM Guideline Series 2. VBC/89.6. WHO, Geneva. 同じ内容が1991年にsecond edition WHO/CWS/91.3として下記アドレスで公開。

http://www.who.int/docstore/water_sanitation_health/Documents/PEEM2/english/peem2toc.htm

Birley, M. H. 1995. The health impact assessment of development projects. pp. 241. HMSO (The Stationery Office Books), London.

Bos, R., Birley, M. H., Engel, C. and Full, P. 2003. Health opportunities in development. pp. 375 (a course manual on developing intersectoral decision-making skills in support of health impact assessment). WHO, Geneva. PDF版が下記アドレスで公開。

http://www.who.int/water_sanitation_health/resources/hodpart1&2.pdf
http://www.who.int/water_sanitation_health/resources/hodpart3.pdf

Cairncross, S. and Feachem, R. G. 1993. Environmental health engineering in the tropics: An introductory text. Second edition. pp. 320. John Wiley and sons, Chichester.

Jobin, W. 1999. Dams and disease : Ecological design and health impacts of large dams, canals and irrigation systems. pp. 580. E and FN Spon, London.

リーシュマニア症 Leischmaniasis　リーシュマニア原虫の寄生により起こる病気。全世界の熱帯から温帯に局地的に分布地がある。サシチョウバエが媒介者。サシチョウバエは蚊に似た吸血性昆虫だが，幼虫は水生でないので，乾燥地にも流行地がある。原虫の種や症状は地域により異なる。代表的な症状は皮膚や粘膜の潰瘍で，後遺症として傷跡が残る。

リフトバレー熱 Rift Valley fever　病原体はウイルス。アフリカ，マダガスカル，アラビア半島に分布。数年以上の間隔をおいて家畜で大流行し，羊，ヤギ，牛などに流産や死亡による大きな被害をもたらすとともに，人にも感染が広がる。媒介者としてヤブカが最も重要だが，ハマダラカ，イエカ，ヌマカなども媒介者になる。

介病や寄生虫病が該当する。

西部馬脳炎 Western equine encephalitis　病原体はウイルス。人や馬の感染は主に北アメリカ西部から中部で発生するが，ウイルスは南アメリカまで分布。媒介者としてはイエカが最も重要だが，ウイルスはいろいろな蚊から見つかっている。

セントルイス脳炎 St. Louis encephalitis　病原体はウイルス。人の感染は主に北アメリカで発生するが，ウイルスは南アメリカまで分布。媒介者はイエカ。

デング熱・デング出血熱 Dengue fever/dengue haemorrhagic fever　病原体はウイルス。もともと東南アジアに分布していたが，今は全世界の熱帯に広がり，都市を中心に大流行している。デング出血熱は症状が激しく子供の死亡率が高い。シマカが媒介者。

日本脳炎 Japanese encephalitis　病原体はウイルス。もともと東～南アジアに分布していたが，20世紀末から太平洋の諸島へ分布を広げている。イエカが媒介者で，特にコガタアカイエカが重要。

フィラリア症 Filariasis　線虫の仲間である糸状虫の寄生により起こる病気。人に寄生する糸状虫は数種あり媒介昆虫も異なるが，単にフィラリア症といった場合には，蚊が媒介するリンパ系フィラリア症をさすことが多い。リンパ系フィラリア症の原因となる3種の糸状虫のうち，バンクロフト糸状虫はアジアとアフリカの温暖地に広く分布するが中南米では局地的，マレー糸状虫はアジア，チモール糸状虫はチモールに分布。地域によりハマダラカ，イエカ，ヤブカ，ヌマカなど媒介者が異なる。

ベネズエラ馬脳炎 Venezuelan equine encephalitis　病原体はウイルス。北アメリカ南部から南アメリカに分布。馬で流行すると人にも感染が広がる。ヤブカ，イエカ，プソロフォラ(ヤブカに似た性質の南北アメリカの蚊)，ヌマカなど，いろいろな蚊が媒介者。

マラリア Malaria　マラリア原虫の寄生により起こる病気。人に感染する主なマラリア原虫は4種で，分布や症状が違うが，いずれもハマダラカが媒介者。4種のうち，熱帯熱マラリア原虫と三日熱マラリア原虫は分布が広い。四日熱マラリア原虫と卵形マラリア原虫の分布は限られるが，地域によっては重要。

マレーバレー脳炎 Murray valley encephalitis　病原体はウイルス。オーストラリアとニューギニアに分布。媒介者は主にイエカ。

も棲む。東アジア原産だが，20世紀末から世界各地への侵入と定着が進んでいる。分布拡大の最大の要因は中古タイヤ貿易。デング熱，デング出血熱の媒介能力をもつ。

ヤブカ *Aedes*　ヤブカ属の蚊。

アフリカトリパノソーマ症 African tripanosomiasis　トリパノソーマ原虫の寄生により起こる病気。中枢神経系を侵され意識喪失して死亡するので睡眠病ともいわれる。熱帯アフリカに分布し，吸血性のツェツェバエが媒介者。

ウエストナイル熱・脳炎 West Nile fever/encephalitis　病原体はウイルス。もともとインドからロシア南部・地中海地方を経てアフリカに分布していたが，20世紀末から北アメリカに広がり，日本への侵入が心配されている。イエカやヤブカなど，いろいろな蚊が媒介能力をもつ。

黄熱 Yellow fever　病原体はウイルス。もともとアフリカに分布していたが，奴隷貿易により南アメリカに持ち込まれた。免疫がない人が感染すると死亡率が高い。猿にも感染する。人から人への感染はネッタイシマカの媒介による。

オンコセルカ症 Onchocerciasis　フィラリア症の一種で皮膚に症状がでる。熱帯アフリカと南アメリカに分布。南アメリカには奴隷貿易により広がったと考えられている。河川から発生するブユが媒介者なので，河川の近くに住み働くと感染機会が増える。アフリカの流行地では幼虫が目に入ることによる失明が多く，河川盲目症ともいわれる。

シャーガス病 Chagas disease　トリパノソーマ原虫の寄生により起こる病気。症状は多様で複雑。小児が感染すると死亡率が高い。南アメリカに分布するのでアメリカトリパノソーマ症ともいわれる。媒介者である吸血性昆虫サシガメは人家内に棲む。

住血吸虫症 Schistosomiasis　住血吸虫の寄生により起こる病気。人に寄生する住血吸虫は数種ある（表14）。いずれも淡水産の貝が中間宿主で，貝体内で育った幼虫が水中に出て，水に触れた皮膚から侵入することで感染する。中間宿主になる貝は住血吸虫の種類や地域により異なる（写真57）。

人獣共通感染症 Zoonosis　人畜共通感染症，動物由来感染症も同じ。人だけでなく家畜や野生の鳥獣にも感染する病原生物による病気。多くの媒

イエカ *Culex*　イエカ属の蚊。

カダヤシ *Gambusia affinis*　タップミノーと同じ。北アメリカ南部原産の胎生メダカの一種。ボウフラをよく食べるので，天敵として世界各地に導入され野生化した。

カタヤマガイ *Oncomelania nosophora*　日本住血吸虫の日本での中間宿主（写真62（a））。

コガタアカイエカ *Culex tritaeniorhynchus*　日本脳炎の媒介者として最も重要なイエカの一種。ボウフラの代表的な棲み場所は水田（写真2）。

シナハマダラカ *Anopheles sinensis*　日本など東アジアでマラリアを媒介するハマダラカの一種。ボウフラの代表的な棲み場所は水田（写真9）。同様にガンビアハマダラカ，ダイラスハマダラカなどもハマダラカの特定の種をさす。

シマカ *Aedes* (*Stegomyia*)　ヤブカ属シマカ亜属の蚊。昼間に吸血し，重要な媒介者を含む。

ヌマカ *Mansonia*　ヌマカ属の蚊（写真12（b））。ボウフラはホテイアオイやボタンウキクサなどが繁茂する池や水路に棲み，浮き草の根に付着している。人からよく吸血する種を含み，熱帯では地域によって種々の病気の媒介者。

ネッタイイエカ *Culex quinquefasciatus*　アカイエカの熱帯型。人に運ばれ全世界の熱帯・亜熱帯に分布を広げた。日本では琉球列島に分布。発生水域や吸血習性はアカイエカに似る。

ネッタイシマカ *Aedes aegypti*　シマカの一種（写真14（d））。人家内に棲み，人家内で吸血する。ボウフラも人家内外の水たまりに棲む。人との結び付きが最も強い蚊。原産地アフリカから人に運ばれて全世界の熱帯に分布を広げた。デング熱，デング出血熱，黄熱の最も重要な媒介者。

ハマダラカ *Anopheles*　ハマダラカ属の蚊。人のマラリアはハマダラカだけが媒介者なので，マラリア（媒介）蚊といえばハマダラカをさす。ハマダラカ400種余りのうち，WHOは約60種をマラリアの重要な媒介者とみなしている。しかし，ハマダラカの大部分の種は，程度の差はあれ，人のマラリア原虫の増殖を許すと考えられている。

ヒトスジシマカ *Aedes albopictus*　シマカの一種（写真14（e））。林の中だけでなく市街地にも多く，庭や公園などでよく吸血する。ボウフラは木のうろや竹の切り株のたまり水だけでなく，人家周辺の容器のたまり水に

用語説明（本書に出てきた，熱帯の媒介病に関連した用語）

中間宿主　寄生虫の幼虫が発育する動物。寄生虫は中間宿主がいるところだけに分布する。中間宿主は直接には人を害さないが，間接的には人の健康に大きなかかわりをもつ。

媒介者　病原生物を運んで感染させる役割をはたす動物。吸血性の昆虫やダニが最も重要。病原生物はこれらの媒介者体内で増殖や発育をし，吸血の際に感染する。

媒介能（力）　吸血性の昆虫やダニが病原体を感染させる能力。人や時により異なる意味で使われることもあるが，本書では最も広義に使っている。媒介能力の有無や高低は，いろいろな要因が複合された結果である。生理的要因は，昆虫やダニ体内での，病原体の発育や増殖の可否や程度などである。これは，昆虫やダニと病原体，それぞれの種や系統の組み合わせで決まる。生態的要因は，人の居住地で発生するか，数の多少，生存率，どのような動物から吸血するかなどである。生理的要因あるいは生理的要因と吸血の好みだけを媒介効率ということもある。全要因が複合された結果として，多くの人や家畜の感染にかかわる種が重要な媒介者とされる。生理的要因は，遺伝的に決まっている部分が多いが，昆虫やダニの栄養状態なども影響する。また種内でも遺伝的な変異があるので，環境条件が変われば遺伝的組成が変わる可能性もある。生態的要因は，環境が変われば大きく変化する。今は重要とされていない種でも，環境が変われば，重要な媒介者になる可能性がある。

病原体保有動物　人に感染する可能性がある病原生物を保有している鳥獣。寄生虫を保有している場合には保虫宿主といわれる。

アカイエカ *Culex pipiens pallens*　東アジア温帯に分布するイエカの一種。ボウフラは人家近くの有機物の多い水たまりに棲む。日本でもフィラリア症の媒介者であった。人からも鳥からもよく吸血するので，ウエストナイル熱，脳炎の媒介者になることが心配されている。

略号一覧

CGIAR　Consultative Group for International Agriculture Research　国際農業研究協議グループ

EHIA　Environmental health impact assessment　環境健康影響評価

EIA　Environmental impact assessment　環境影響評価

FAO　Food and Agriculture Organization　食料農業機関

GIS　Geographic information systems　地理情報システム

HIA　Health impact assessment　健康影響評価

IBM　Integrated biodiversity management　総合的生物多様性管理

IPM　Integrated pest management　総合的害虫管理

KAP　Knowledge, attitude and practice　知識・態度・行動

MIM　Multilateral Initiative on Malaria　マラリアに関する多国間イニシアチブ

PEEM　Panel of Experts on Environmental Management for Vector Control　媒介動物駆除のための環境管理についての専門家委員会

RBM　Roll Back Malaria Partnership　マラリア撃退のための連携

RMMP　Riceland Mosquito Management Program　稲作地域の蚊管理計画

SEA　Strategic environmental assessment　戦略的環境影響評価

SIA　Social impact assessment　社会影響評価

SIMA　Systemwide Initiative on Malaria and Agriculture　マラリアと農業に関する共同イニシアチブ

TDR　Special Programme for Research and Training in Tropical Diseases　熱帯病の研究と技術養成のための特別計画

UNCHS　United Nations Centre for Human Settlements　国連人間居住センター

UNDP　United Nations Development Programme　国連開発計画

UNEP　United Nations Environment Programme　国連環境計画

UNICEF　United Nations Children's Fund　国連児童基金

WARDA　West Africa Rice Development Association　西アフリカ稲作開発協会

WHO　World Health Organization　世界保健機関

■著者紹介

茂木幹義（もぎ　もとよし）医学博士

1940年　上海に生まれる
1964年　京都大学農学部卒業
1969年　京都大学大学院農学研究科博士課程修了
1980年　佐賀医科大学助教授（寄生虫学）
専　攻　昆虫生態学，媒介動物学
著　書　『Biocontrol of medical and veterinary pests』（共著，Praeger, 1981）
『Ecology of mosquitoes』（共著，Florida Medical Entomology Laboratory, 1985）
『Vector-borne disease control in humans through agroecosystem management』（共著，International Rice Research Institute, 1988）
『Advances in disease vector research 8』（共著，Springer-Verlag, 1991）
『Soil and water engineering for paddy field management』（共著，Asian Institute of Technology, 1992）
『Advanced paddy field engineering』（共著，信山社サイテック, 1999）
『ファイトテルマータ — 生物多様性を支える小さなすみ場所』（海游舎，1999）
『Mosquitoes and mosquito-borne diseases』（共著，Academy of Sciences Malaysia, 2000）
『蚊の不思議 — 多様性生物学』（共著，東海大学出版会, 2002）
『Freshwater invertebrates of the Malaysian region』（共著，Academy of Sciences Malaysia, 2004）

マラリア・蚊・水田
—病気を減らし生物多様性を守る開発を考える

2006年4月20日　初 版 発 行

著　者　茂木幹義

発行者　本間喜一郎

発行所　株式会社 海游舎
〒151-0061 東京都渋谷区初台 1-23-6-110
電話 03 (3375) 8567　FAX 03 (3375) 0922

港北出版印刷（株）・（株）石津製本所

ISBN4-905930-08-1　PRINTED IN JAPAN

出版案内

2025

海底のミステリーサークル。アマミホシゾラフグの雄がつくった「産卵床」(『予備校講師の野生生物を巡る旅 III』より。© 海游舎)

海游舎

植物生態学

大原 雅 著

A5 判・352 頁・定価 4,180 円

978-4-905930-22-8　C3045

植物生態学は，生物学のなかでも非常に大きな学問分野であるとともに，多彩な研究分野の融合の場でもある。植物には大きな特徴が二つある。「動物のような移動能力がないこと」と「無機物から生物のエネルギー源となる有機物を合成すること」である。この特徴を背景として植物たちは地球上の多様な環境に適応し，生態系の基礎を作り上げている。本書は，植物に関わる「生態学の概念」，「種の分化と適応」，「形態と機能」，「個体群生態学」，「繁殖生態学」，「群集生態学」，「生物多様性と保全」などが 14 章にわたり紹介されている。本書により，「植物生態学」が基礎から応用までの幅広い研究分野を網羅した複合的学問であることが，実感できるであろう。大学生，大学院生必読の書です。

植物の生活史と繁殖生態学

大原 雅 著

A5 判・208 頁・定価 3,080 円

978-4-905930-42-6　C3045

分子遺伝マーカーの進歩により，急速に進化した植物の繁殖生態学。しかし，植物の生き方の全貌を明らかにするためには，より多面的研究が必要である。本書は，植物の生活史を解き明かすための，繁殖生態学，個体群生態学，生態遺伝学的アプローチを具体的に紹介するとともに，近年，注目される環境保全や環境教育にも踏み込んで書かれている。

世界のエンレイソウ

－その生活史と進化を探る－

河野昭一 編

A4 変型判・96 頁・定価 3,080 円

978-4-905930-40-2　C3045

春の林床を鮮やかに飾るエンレイソウの仲間は，世界中に 40 数種。これらの地理的分布・生育環境・生活史・進化などを，カラー生態写真と豊富な図版を用いて簡潔に解説した，植物モノグラフの決定版。

環境変動と生物集団

河野昭一・井村 治 共編

A5 判・296 頁・定価 3,300 円

978-4-905930-44-0　C3045

私たちの周囲では，地球環境だけでなく様々な環境変化が進行している。こうした環境変化が生物集団の生態・進化にどのような影響を与えるか。微生物，雑草，樹木，プランクトン，昆虫，魚類などについて，集団内の遺伝変異，個体群や群集・生態系，また理論・基礎から作物や雑草・害虫の管理といった応用面や研究の方法論まで，幅広くまとめた。

野生生物保全技術 第二版

新里達也・佐藤正孝 共編

A5 判・448 頁・定価 5,060 円

978-4-905930-49-5　C3045

野生生物保全の実態と先端技術を紹介した初版が刊行されてから３年あまりが過ぎた。この間に，野生生物をめぐる環境行政と保全事業は変革と大きな進展を遂げている。第二版では，法律や制度，統計資料などをすべて最新の情報に改訂するとともに，環境アセスメントの生態系評価や外来生物の問題などをテーマに，新たに５つの章を加えた。

ファイトテルマータ

―生物多様性を支える小さなすみ場所―

茂木幹義 著

A5 判・220 頁・定価 2,640 円

978-4-905930-32-7　C3045

葉腋・樹洞・切り株・竹節・落ち葉など，植物上に保持される小さな水たまりの中に，ボウフラやオタマジャクシなど，多様な生物がすんでいる。小さな空間，少ない餌，蓄積する有機物，そうしたすみ場所で多様な生物が共存できるのは何故か。生物多様性の紹介と，競争・捕食・助け合いなど，驚きに満ちたドラマを紹介。

マラリア・蚊・水田

―病気を減らし，生物多様性を守る開発を考える―

茂木幹義 著

B6 判・280 頁・定価 2,200 円

978-4-905930-08-2　C3045

生物多様性と環境の保全機能が高い評価を受ける水田は，病気を媒介する蚊や病気の原因になる寄生虫のすみ場所でもある。世界の多くの地域では，水田開発や稲作は，病気の問題と闘いながら続けられてきた。病気をなくすため，稲作が禁止されたこともある。本書は，こうした水田の知られざる一面，忘れられた一面に焦点をあてた。

性フェロモンと農薬

―湯嶋健の歩んだ道―

伊藤嘉昭・平野千里・玉木佳男 共編

B6 判・288 頁・定価 2,860 円

978-4-905930-35-8　C3045

親しかった９人の研究者が，湯嶋健氏の「生きざま」を紹介した。農薬乱用批判，昆虫生化学とフェロモン研究の出発点になった論文15 篇を再録した。このうち８篇の欧文論文については和訳して掲載した。湯嶋昆虫学の真髄を読みとってほしい。巻末には著書・論文目録を収録。官庁科学者の壮絶な生き方に感奮するだろう。

天敵と農薬 第二版

―ミカン地帯の 11 年―

大串龍一 著

日本図書館協会選定図書

A5 判・256 頁・定価 3,080 円

978-4-905930-28-0　C3045

農薬が人の健康や自然環境に及ぼす害が知られてから久しいが，現在でもその使用はあまり減っていない。天敵の研究者として出発した著者が，農薬を主とした病害虫防除に携わりながら農作物の病害虫とどう向きあったかを語っている。農業に直接関わっていないが，生活環境・食品安全に関心をもつ人にも薦めたい。

生態学者・伊藤嘉昭伝
もっとも基礎的なことがもっとも役に立つ

辻 和希 編集

A5 判・432 頁・定価 5,060 円
978-4-905930-10-5　C3045

生態学界の「革命児」伊藤嘉昭の 55 人の証言による伝記。本書一冊で戦後日本の生態学の表裏の歴史がわかる。農林省入省直後の 1952 年にメーデー事件の被告となり 17 年間公職休職となるも不屈の精神で，個体群生態学，脱農薬依存害虫防除，社会生物学，山原自然保護と新時代の研究潮流を創り続けた。その背中は激しく明るく楽しく悲しい。

坂上昭一の
昆虫比較社会学

山根爽一・松村 雄・生方秀紀 共編

A5 判・352 頁・定価 5,060 円
978-4-905930-88-4　C3045

坂上昭一の，ハナバチ類の社会性を軸とした 1960〜1990 年の幅広い研究は，国際的にも高い評価をうけてきた。本書は坂上門下生を中心に 27 名が，坂上の研究手法や研究哲学を分析・評価し，各人の体験したエピソードをまじえて観察のポイント，指導法などを振り返る。昆虫をはじめ，さまざまな動物の社会性・社会行動に関心をもつ人々に薦めたい。

社会性昆虫の進化生態学

松本忠夫・東 正剛 共編

A5 判・400 頁・定価 5,500 円
978-4-905930-30-3　C3045

アシナガバチ，ミツバチ，アリ，シロアリ，ハダニ類などの研究で活躍している著者らが，これら社会性昆虫の学問成果をまとめ，進化生態学の全貌とその基礎的研究法を詳しく紹介した，わが国初の総説集。各章末の引用文献は充実している。昆虫学・行動生態学・社会生物学などに関係する研究者・学生の必備書である。

社会性昆虫の進化生物学

東 正剛・辻 和希 共編

A5 判・496 頁・定価 6,600 円
978-4-905930-29-7　C3045

アシナガバチは人間と同じように顔で相手を見分けている。兵隊アブラムシは掃除や育児にも精を出す正真正銘のワーカーだ。アリは脳に頼らず，反射で巣仲間を認識する。ヤマトシロアリの女王は単為生殖で新しい女王を産む。ミツバチで性決定遺伝子が見つかった。エボデボ革命が社会性昆虫の世界にも押し寄せてきた。最新の話題を満載した待望の書。

パワー・エコロジー

佐藤宏明・村上貴弘 共編

A5 判・480 頁・定価 3,960 円
978-4-905930-47-1　C3045

「生態学は体力と気合いだ」「頭はついてりゃいい，中身はあとからついてくる」に感化された教え子たちの，力業（ちからわざ）による生態学の実践記録。研究対象の選択基準は好奇心だけ。調査地は世界各地，扱う生き物は藻類から哺乳類に至り，仮説検証型研究を突き抜けた現場発見型研究の数々。一研究室の足跡が生態学の魅力を存分に伝える破格の書。

交尾行動の新しい理解
－理論と実証－

粕谷英一・工藤慎一 共編

A5 判・200 頁・定価 3,300 円
978-4-905930-69-3　C3045

これからの交尾行動の研究で注目される問題点を探る。まずオスとメスに関わる性的役割の分化，近親交配について，従来の理論の不十分な点を検討。次いで，多くの理論モデル間の関係を明快に整理し，理論の統一的な理解をまとめた。グッピーとマメゾウムシをモデル生物とした研究の具体例も紹介。生物学，特に行動生態学を専攻する学生の必読書。

擬態の進化
－ダーウィンも誤解した150 年の謎を解く－

大崎直太 著

A5 判・288 頁・定価 3,300 円
978-4-905930-25-9　C3045

本書の前半は，アマゾンで発見されたチョウの擬態がもたらした進化生態学の発展史で，時代背景や研究者の辿った人生を通して描かれている。後半は著者の研究の紹介で，定説への疑問，ボルネオやケニアの熱帯林での調査，日本での実験，論文投稿時の編集者とのやりとりなどを紹介し，ダーウィンも誤解した150 年の擬態進化の謎を紐解いている。

理論生物学の基礎

関村利朗・山村則男 共編

A5 判・400 頁・定価 5,720 円
978-4-905930-24-2　C3045

理論生物学の考え方や数理モデルの構築法とその解析法を幅広くまとめ，多くの実例をあげて基礎から応用までを分かりやすく解説。

［目次］1. 生物の個体数変動論　2. 空間構造をもつ集団の確率モデル　3. 生化学反応論　4. 生物の形態とパターン形成　5. 適応戦略の数理　6. 遺伝の数理　7. 医学領域の数理　8. バイオインフォマティクス　付録/プログラム集

チョウの斑紋多様性と進化
－統合的アプローチ－

関村利朗・藤原晴彦・大瀧丈二 監修

A5 判・408 頁・定価 4,840 円
978-4-905930-59-4　C3045

シロオビアゲハ，ドクチョウの翅パターンに関する遺伝的研究から，適応について何が分かるか。目玉模様の数と位置はどう決まるか。斑紋多様性解明の鍵となる諸分野（遺伝子，発生，形態，進化，理論モデル）について，国内外の最新の研究成果を紹介。2016 年 8 月に開催された国際シンポジウム報告書の日本語版。カラー口絵 16 頁。

糸の博物誌

齋藤 裕・佐原 健 共編

日本図書館協会選定図書

A5 判・208 頁・定価 2,860 円
978-4-905930-86-0　C3045

絹糸を紡ぐカイコ以外，ムシが紡ぐ糸は人間にとって些細な厄介事であって，とりたてて問題になるものではない。しかし，糸を使うムシにとっては，それは生活必需品である。本書ではムシが糸で織りなす奇想天外な適応，例えば，獲物の糸を操って身を守る寄生バチの離れ業や，糸で巣の中を掃除する社会性ダニなど，人間顔負けの行動を紹介する。

トンボ博物学 ―行動と生態の多様性―

P.S. Corbet "Dragonflies: Behavior and Ecology of Odonata"

椿 宜高・生方秀紀・上田哲行・東 和敬 監訳

B5 判・858 頁・定価 28,600 円　978-4-905930-34-1　C3045

世界各地のトンボ(身近な日本のトンボも含め)の行動と生態についての研究成果を集大成し，体系的に紹介・解説した。動物学研究者・学生，環境保全，自然修復，害虫の生物防除，文化史研究などに携わる人々の必読・必備書。

1 **序章**　幼虫や成虫の形態名称，生態学の用語を解説。
2 **生息場所選択と産卵**　トンボの成虫が産卵場所を選択する際の多様性を解説。
3 **卵および前幼虫**　卵の季節適応とその多様性を解説。
4 **幼虫：呼吸と採餌**　呼吸に使われる体表面，葉状尾部付属器，直腸を解説。
5 **幼虫：生物的環境**　幼虫と他の生物との関係を紹介。
6 **幼虫：物理的環境**　熱帯起源のトンボが寒冷地や高山に適応してきた要因を議論。
7 **成長，変態，および羽化**　幼虫の発育に伴う形態や生理的な変化について解説。
8 **成虫：一般**　成虫の前生殖期と生殖期について，その変化を形態，色彩，行動，生理によって観察した例を紹介し，前生殖期のもつ意味とその多様性を議論。
9 **成虫：採餌**　成虫の採餌行動を探索，捕獲，処理，摂食などの成分に分割することで，トンボの採餌ニッチの多様性を整理。
10 **飛行による空間移動**　大規模飛行と上昇気流や季節風との関係を解説。
11 **繁殖行動**　繁殖には，雄と雌が効率よく出会い，互いに同種であると認識し，雄が雌に精子を渡し，雌は幼虫の生存に都合の良い場所に産卵する。
12 **トンボと人間**　トンボに対する人間の感情を，地域文化との関連において紹介。
用語解説　付表　引用文献　追補文献　生物和名の参考文献　トンボ和名学名対照表　人名索引　トンボ名索引　事項索引

生物にとって自己組織化とは何か ―群れ形成のメカニズム―

S.Camazine et al. "Self-Organization in Biological Systems"

松本忠夫・三中信宏 共訳

A5 判・560 頁・定価 7,480 円

978-4-905930-48-8　C3045

シンクロして光を放つホタル，螺旋を描いて寄り集まる粘菌，一糸乱れぬ動きをする魚群など，生物の自己組織化について分かりやすく解説した。前半は自己組織化の初歩的な概念と道具について，後半は自然界に見られるさまざまな自己組織化の事例を述べた。生命科学の最先端の研究領域である自己組織化と複雑性を学ぶための格好の入門書である。

カミキリ学のすすめ

新里達也・槇原 寛・大林延夫・高桑正敏・露木繁雄 共著

A5 判・320 頁・定価 3,740 円

978-4-905930-26-6　C3045

カミキリムシ研究者 5 人の珠玉の逸話集。分類や分布，生態などの正統な生物学の分野にとどまらず，「カミキリ屋」と呼ばれる虫を愛する人々の習性にまで言及している。その熱意や意気込みが存分に伝わり，プロ・アマ区別なくカミキリムシを丸ごと楽しめる書。

カトカラの舞う夜更け

新里達也 著

B6 判・256 頁・定価 2,420 円

978-4-905930-64-8　C0045

人と自然の関係のありようを語り，フィールド研究の面白さを描き，虫に生涯を捧げた先人たちの鎮魂歌を綴った。市井の昆虫学者として半生を燃やした著者渾身のエッセー集。

---

kupu-kupu の楽園 ―熱帯の里山とチョウの多様性―

大串龍一 著

A5 判・256 頁・定価 3,080 円

978-4-905930-37-2　C3045

JICA の長期派遣専門家としてインドネシアのパダン市滞在時の研究資料などをもとに「熱帯のチョウ」の生活と行動をまとめた。環境の変化による分布，行動の移り変わりの実態が明らかになった。自然史的調査法の入門書。

ニホンミツバチ
—北限の *Apis cerana*—

佐々木正己 著

A5 判・192 頁・定価 3,080 円

978-4-905930-57-0　C0045

冬に家庭のベランダでも見かけることがあり森の古木の樹洞を住み家としてきたニホンミツバチは，120 年前に西洋種が導入され絶滅が心配されながらもしたたかに生きてきた。最近では，高度の耐病性と天敵に対する防衛戦略のゆえに，遺伝資源としても注目されている。その知られざる生態の不思議を，美しい写真を多用して分かりやすく紹介した。

但馬・楽音寺の
ウツギヒメハナバチ
—その生態と保護—

前田泰生 著

A5 判・200 頁・定価 3,080 円

978-4-905930-33-4　C3045

兵庫県山東町「楽音寺」境内に，80 数年も続いているウツギヒメハナバチの大営巣集団。その生態とウツギとのかかわりを詳細に述べ，保護の考え方と方策，さらに生きた生物教材としての活用を提案している。毎年 5 月下旬には無数の土盛りが形成され，ハチが空高く飛びかい，生命の息吹を見せる。生物群集や自然保護に関心のある人々に薦める書。

不妊虫放飼法
—侵入害虫根絶の技術—

伊藤嘉昭 編

A5 判・344 頁・定価 4,180 円

978-4-905930-38-9　C3045

ニガウリが日本中で売られるようになったのは，ウリミバエ根絶の成功の結果である。本書は，不妊虫放飼法の歴史と成功例，種々の問題点，農薬を使用しない害虫防除技術の可能性などを詳しく紹介し，成功に不可欠な生態・行動・遺伝学的基礎研究をまとめた。貴重なデータ，文献も網羅されており，昆虫を学ぼうとする学生，研究者に役立つ書。

楽しき **挑戦**
—型破り生態学 50 年—

伊藤嘉昭 著

A5 判・400 頁・定価 4,180 円

978-4-905930-36-5　C3045

拘置所に 9 ヵ月，17 年間の休職にもめげず生態学の研究を続け，頑張って生きてきた。その原動力は一体何だったのか。学問に対する熱心さ，権威に対する反抗，多くの人との関わりなどが綴られている，痛快な自伝。

> 若い人たちに是非読んでもらいたい，近ごろは化石のように珍しくなってしまった，一昔前の日本の男の人生である。（長谷川眞理子さん 評）

熱帯のハチ
—多女王制のなぞを探る—

伊藤嘉昭 著

B6 判・216 頁・定価 2,349 円

978-4-905930-31-0　C3045

アシナガバチ類の社会行動はどのように進化してきたか？　この進化の跡を訪ねて，沖縄，パナマ，オーストラリア，ブラジルなど熱帯・亜熱帯地方で行った野外調査の記録を，豊富な写真と現地でのエピソードをまじえて紹介した。昆虫行動学者の暮らしや，実際の調査の仕方がよく分かる。後に続いて研究してみよう。

アフリカ昆虫学
－生物多様性とエスノサイエンス－

田付貞洋・佐藤宏明・
足達太郎 共編

A5 判・336 頁・定価 3,300 円
978-4-905930-65-5　C3045

生物多様性の宝庫であり，人類発祥の地でもあるアフリカ。そこで生活する多種多様な昆虫と人類は，長い歴史のなかで深く関わってきた。そんなアフリカに飛び込んだ若手研究者と，現地調査の経験豊富なベテラン研究者による知的冒険にあふれた書。昆虫愛好家のみならず，将来アフリカでのフィールド研究を志す若い人たちに広く薦めたい。

虫たちがいて、ぼくがいた
－昆虫と甲殻類の行動－

中嶋康裕・沼田英治 共編

A5 判・232 頁・定価 2,090 円
978-4-905930-58-7　C0045

昆虫や甲殻類の「行動の意味や仕組み」について考察したエッセー集。行きつ戻りつの試行錯誤，見込み違い，意外な展開，予想の的中など，研究の過程で起こる様々な出来事に一喜一憂しながらも，ついには説得力があり魅力に富んだストーリーを編み上げていく様子が，いきいきと描かれている。研究テーマ決定のヒントを与えてくれる書。

メジロの眼
－行動・生態・進化のしくみ－

橘川次郎 著

B6 判・328 頁・定価 2,640 円
978-4-905930-82-2　C3045

オーストラリアのメジロを中心に，その行動，生態，進化のしくみを詳説。子供のときから約束された結婚相手，一夫一妻の繁殖形態，子育てと家族生活，寿命と一生に残す子供の数，餌をめぐる競争，渡りの生理，年齢別死亡率とその要因，生物群集の中での役割などについて述べた。巻末の用語解説は英訳付きで，生態・行動を学ぶ人々にも役に立つ。

島の鳥類学
－南西諸島の鳥をめぐる自然史－

水田 拓・高木昌興 共編

沖縄タイムス出版文化賞
(2018 年度) 受賞

A5 判・464 頁・定価 5,280 円
978-4-905930-85-3　C3045

固有の動植物を含む多様な生物が生息する奄美・琉球。その独自の生態系において，鳥類はとりわけ精彩を放つ存在である。この地域の鳥類研究者が一堂に会し，最新の研究成果を報告するとともに，自身の研究哲学や新たな研究の方向性を示す。これは，世界自然遺産登録を目指す奄美・琉球という地域を軸にした，まったく新しい鳥類学の教科書である。

野外鳥類学を楽しむ

上田恵介 編

A5 判・418 頁・定価 4,620 円
978-4-905930-83-9　C3045

上田研に在籍していた 21 人による，鳥類などの野外研究の面白さと，研究への取り組みをまとめた書。研究データだけではなく，研究の苦労話も紹介している。貴重な経験をもとに，新しく考案した捕獲方法や野外実験のデザイン，ちょっとしたアイデアなども盛り込まれており，野外研究を志す多くの若い人々にぜひ読んでほしい 1 冊。

魚類の繁殖戦略 (1, 2)

桑村哲生・中嶋康裕 共編

(1 巻, 2 巻)
A5 判・208 頁・定価 2,365 円
1 巻：978-4-905930-71-6　C3045
2 巻：978-4-905930-72-3　C3045

海や川にすむ魚たちは，どのようにして子孫を残しているのだろうか。配偶システム，性転換，性淘汰と配偶者選択，子の保護の進化など，繁殖戦略のさまざまな側面について，行動生態学の理論に基づいた，日本の若手研究者による最新の研究を紹介した。

［目次］**1 巻**　1. 魚類の繁殖戦略入門　2. アユの生活史戦略と繁殖　3. 魚類における性淘汰　4. 非血縁個体による子の保護の進化
2 巻　1. 雌雄同体の進化　2. ハレム魚類の性転換戦術：アカハラヤッコを中心に　3. チョウチョウウオ類の多くはなぜ一夫一妻なのか　4. アミメハギの雌はどのようにして雄を選ぶか？　5. シクリッド魚類の子育て：母性の由来　6. ムギツクの托卵戦略

魚類の社会行動 (1, 2, 3)

(1 巻)
桑村哲生・狩野賢司 共編
A5 判・224 頁・定価 2,860 円
978-4-905930-77-8　C3045

(2 巻)
中嶋康裕・狩野賢司 共編
A5 判・224 頁・定価 2,860 円
978-4-905930-78-5　C3045

(3 巻)
幸田正典・中嶋康裕 共編
A5 判・248 頁・定価 2,860 円
978-4-905930-79-2　C3045

魚類の社会行動・社会関係について進化生物学・行動生態学の視点から解説。理論や事実の解説だけでなく，研究プロセスについても，きっかけ・動機・苦労などを詳細に述べた。

［目次］**1 巻**　1. サンゴ礁魚類における精子の節約　2. テングカワハギの配偶システムをめぐる雌雄の駆け引き　3. ミスジチョウチョウウオのパートナー認知とディスプレイ　4. サザナミハゼのペア行動と子育て　5. 口内保育魚テンジクダイ類の雄による子育てと子殺し
2 巻　1. 雄が小さいコリドラスとその奇妙な受精様式　2. カジカ類の繁殖行動と精子多型　3. フナの有性・無性集団の共存　4. ホンソメワケベラの雌がハレムを離れるとき　5. タカノハダイの重複なわばりと摂餌行動
3 巻　1. カザリキュウセンの性淘汰と性転換　2. なぜシワイカナゴの雄はなわばりを放棄するのか　3. クロヨシノボリの配偶者選択　4. なわばり型ハレムをもつコウライトラギスの性転換　5. サケ科魚類における河川残留型雄の繁殖行動と繁殖形質　6. シベリアの古代湖で見たカジカの卵

水生動物の卵サイズ
－生活史の変異・種分化の生物学－

後藤 晃・井口恵一朗 共編

A5 判・272 頁・定価 3,300 円
978-4-905930-76-1　C3045

卵には子の将来を約束する糧が詰まっている。なぜ動物は異なったサイズの卵を産むのか？サイズの変異の実態と意義，その進化について考える。またサイズの相違が子のサイズや生存率にどのくらい関係し，その後の個体の生活史にどんな影響を与えるかを考察する。生態学的・進化学的たまご論を展開。どこから読んでも面白く，新しい発見がある。

水から出た魚たち
－ムツゴロウと
トビハゼの挑戦－

田北 徹・石松 惇 共著

A5 判・176 頁・定価 1,980 円
978-4-905930-17-4　C3045

ムツゴロウの分布は九州の有明海と八代海の一部に限られていること，また棲んでいる泥干潟は泥がとても軟らかくて，足を踏み入れにくいなどの理由から，その生態はあまり知られていない。著者たちは長年にわたって日本とアジア・オセアニアのいくつかの国で，ムツゴロウとその仲間たちの研究を行ってきた。本書では，ムツゴロウやトビハゼたちが泥干潟という厳しい環境で生きるために発達させた，行動や生理などについて解明している。

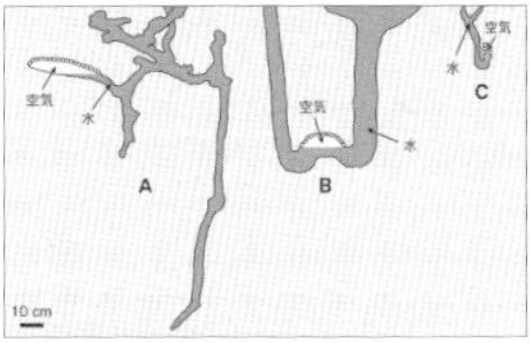

［目次］1. ムツゴロウって何者？　2. ムツゴロウたちが棲む環境　3. ムツゴロウたちの生活　4. ムツゴロウたちの繁殖と成長　5. ムツゴロウ類の進化は両生類進化の再現　6. ムツゴロウ類の漁業・養殖・料理

左の図は，A. ムツゴロウ，B. シュロセリ，C. トビハゼの産卵用巣孔を示す。

魚類比較生理学入門
－空気の世界に挑戦する魚たち－

岩田勝哉 著

A5 判・224 頁・定価 3,740 円
978-4-905930-16-7　C3045

魚は水中で鰓呼吸をしているが，空気の世界に挑戦している魚もいる。魚が空気中で生活するには，皮膚などを空気呼吸に適するように改変することと，タンパク質代謝の老廃物である有毒なアンモニアの蓄積からどのようにして身を守るかという問題も解決しなければならない。魚たちの空気呼吸や窒素代謝等について分かりやすく解説した。

子育てする魚たち
－性役割の起源を探る－

桑村哲生 著

B6 判・176 頁・定価 1,760 円
978-4-905930-14-3　C3045

魚類ではなぜ父親だけが子育てをするケースが多いのだろうか。進化論に基づく基礎理論によると，雄と雌は子育てをめぐって対立する関係にあると考えられている。本書では雄と雌の関係を中心に，魚類に見られる様々なタイプの社会・配偶システムを紹介し，子育ての方法と性役割にどのように関わっているかを，具体的に述べた。

有明海の生きものたち
－干潟・河口域の生物多様性－

佐藤正典 編

A5 判・400 頁・定価 5,500 円
978-4-905930-05-1　C3045

有明海は，日本最大の干満差と，日本の干潟の 40％にあたる広大な干潟を有する内湾である。本書では，有明海の生物相の特殊性と，主な特産種・準特産種の分布や生態について，最新情報に基づいて解説した。諫早湾干拓事業が及ぼす影響も紹介し，有明海の特異な生物相の危機的な現状とその保全の意義も論じている。

シオマネキ
―求愛とファイティング―

村井 実 著

シオマネキは大きなハサミを使ってコミュニケーションしている。これらの行動パターンについて，ビデオカメラを用いての観察や実験結果を紹介。シオマネキの生態，習性，食性，繁殖行動，敵対行動，大きいハサミを動かす行動と保持しているだけの行動，発音と再生ハサミなどについてまとめた。小さなカニに興味はつきない。

A5 判・96 頁・定価 1,320 円
978-4-905930-15-0 C3045

生態観察ガイド
伊豆の 海水魚

瓜生知史 著

生態観察に役立つように編集された，斬新な魚類図鑑。約 700 種・1,250 枚の生態写真を，通常の分類体系に準じて掲載。特によく見たい 44 種については，闘争，求愛，産卵などの写真とともに繁殖期，産卵時間，産卵場所などを具体的に解説し，「観察のポイント」をまとめた。写真には「標準和名」「魚の全長」「撮影者名」「撮影水深」「解説」を記した。

B6 判・256 頁・定価 3,080 円
978-4-905930-13-6 C0645

モイヤー先生と
のぞいて見よう海の中
―魚の行動ウォッチング―

ジャック T. モイヤー 著
坂井陽一・大嶽知子 訳

フィッシュウォッチングは，まず魚の名前を覚えることから始まり，生態・行動の観察へと発展する。求愛行動，性転換，雌雄どちらが子育てをするかなど，普通に見られる身近な魚たちの社会生活を詳しく紹介した。生態観察のポイントは何か，何時頃に観察するのがよいかなどを具体的に記した。海への愛情が伝わる 1 冊。

B6 判・240 頁・定価 1,980 円
978-4-905930-04-4 C0045

もぐって使える海中図鑑
Fish Watching Guide

益田 一・瀬能 宏 共編

水中でも使えるように「耐水紙」を使用した新しいタイプの図鑑。水中ノート，魚のシルエットメモが付いているので，水辺や水中で観察したことをその場ですぐに記録することができる。

伊豆（バインダー式）A5 変型判・40 頁・定価 3,300 円 978-4-905930-50-1 C0645
沖縄（バインダー式）A5 変型判・40 頁・定価 2,200 円 978-4-905930-51-8 C0645
海岸動物（「伊豆」レフィル） B6 判・16 頁・定価 1,281 円 978-4-905930-52-5 C0645

海中観察指導マニュアル

財団法人海中公園センター編

「百聞は一見にしかず」。映像や書物で何度見ても，実際に海の中をのぞいて見たときの感動に勝るものはない。スノーケリングによる自然観察会を開催してきた経験をもとに，自然観察・生物観察・危険な生物・安全対策・技術指導・行政との関係・観察会の運営などを，具体的に解説した。どんなことに留意しなければならないかが，よく分かる。

A5 判・128 頁・定価 2,200 円
978-4-905930-12-9 C0045

もっと知りたい 魚の世界
－水中カメラマンのフィールドノート－

大方洋二 著

B6 判・436 頁・定価 2,640 円

978-4-905930-70-9　C3045

クマノミ・ジンベエザメ・ミノアンコウなど100種の魚を紹介。縄張り争いや摂餌などの興味深い生態が，実際の観察体験に基づいて記されている。ジャック T.モイヤー先生の，魚類に関する行動学関連用語の解説付き。

Visual Guide トウアカクマノミ

大方洋二 著

A5 判・64 頁・定価 2,029 円

978-4-905930-53-2　C0045

沖縄・慶良間での8年間の定点観察により，いつ性転換が起こるのか，巣づくり，産卵，卵を守る雄，ふ化などを写真で記録した。フィッシュウォッチングの手軽な入門書。

Visual Guide デバスズメダイ

大方洋二 著

A5 判・64 頁・定価 2,029 円

978-4-905930-54-9　C0045

サンゴ礁の海で宝石のように輝くデバスズメダイ。その住み家，同居魚，敵，シグナルジャンプ，婚姻色，産卵などを，時間をかけて撮影し，あらゆる角度から紹介。

写真集 海底楽園

中村宏治 著

A3変型判・132 頁・定価 5,339 円

978-4-905930-80-8　C0072

澄んだメタリックブルーのソラスズメダイ，透き通った触手を伸ばして獲物を待つムラサキハナギンチャクなど，海底の住人たちの妖艶さを伝える，愛のまなざしこもる写真集。美と驚きに満ちた別世界の存在を教える。

写真集 おらが海

Yoshi 平田 著

A4変型判・96 頁・定価 2,200 円

978-4-905930-90-7　C0072

マレーシアの小さな島マブール島で毎日魚たちと暮らしていたYoshiのユーモアあふれる作品群。表情豊かな写真に，ユーモラスなコメントが添えられている。

写真集 With…

Yoshi 平田 著

A4 変型判・96 頁・定価 4,400 円

978-4-905930-93-8　C0072

海の生きものたちの生態を，やさしい写真，シャープな写真，楽しいコメントとともに紹介。おまけのCD-ROMで音楽を聞きながら頁をめくると，さらに世界は広がる。記念日のプレゼントに最適。

ハシナガイルカの行動と生態

K.S. Norris et al. “The Hawaiian Spinner Dolphin”

日高敏隆 監修／天野雅男・桃木暁子・吉岡 基・吉岡都志江 共訳

A5 判・488 頁・定価 6,600 円

978-4-905930-75-4　C3045

鯨類研究の世界的権威ノリスが，30 年間にわたる科学的研究を通して野生イルカの生活を詳しく解説した。ハシナガイルカの形態学と分類学の記述から始まり，彼らの社会，視覚，発声，聴力，呼吸，採餌，捕食，群れの統合，群れの動きなどについて比較考察している。科学的洞察に満ちた，これまでにない豊かな資料である。

写真で見る

ブタ胎仔の解剖実習

易 勤 監修・木田雅彦 著

A4 判・152 頁・定価 4,400 円

978-4-905930-18-1　C3047

実際の解剖過程の記録写真をまとめた書。写真の順に剖出を進めると，初学者にも解剖手順が分かる。ヒトの構造がよく理解できるよう比較解剖学の視点から説明を加え，発生学的または機能的な理解へと導いている。コメディカル分野・獣医解剖学の実習書や比較解剖学研究にも適切な参考書である。解剖用語の索引にラテン語と英語を併記。

脊椎動物デザインの進化

L.B. Radinsky “The Evolution of Vertebrate Design”

山田 格 訳

A5 判・232 頁・定価 3,080 円

978-4-905930-06-8　C3045

5 億年前に地球に誕生した生命は，環境に適応するための小さな変化の積み重ねによって，今日の多様な生物をつくりだしてきた。本書では，そのプロセスを時間を追って機能解剖学的側面から解説している。非生物学専攻の学部学生を対象とした講義ノートから生まれた本書ではあるが，古生物学や脊椎動物形態学を目ざす人々の必読書である。

予備校講師の

野生生物を巡る旅 I, II

汐津美文 著

I：B6 判・160 頁・定価 1,980 円
978-4-905930-87-7　C3045

II：B6 判・168 頁・定価 1,980 円
978-4-905930-09-9　C3045

「動物たちが暮らす環境と同じ光や風や匂いを感じたい」という思いで，世界の自然保護区を巡り，各巻 35 章にまとめた。インドのベンガルトラ，東アフリカのチータ，ボルネオのラフラシア，ウガンダのマウンテンゴリラ，フィリピンのジュゴンなど。著者が出会った動物の生態や行動を写真と文によって紹介し，生物の絶滅について考える。

予備校講師の

野生生物を巡る旅 III

汐津美文 著

B6 判・204 頁・定価 2,200 円

978-4-905930-10-5　C3045

世界に誇る日本の多様な自然に感動。北海道ではヒグマやオオワシ，ラッコ，シャチなどの行動，奄美大島ではアマミノクロウサギ，ルリカケスや，体長 10cm のアマミホシゾラフグがつくる直径 2m もある産卵床との出会い，パンタナール湿原でカイマンを狩るジャガー，スマトラ島でショクダイオオコンニャクの開花の観察など，豊富な体験を写真と文で紹介。

物理学
―新世紀を生きる人達のために―

高木隆司 著

A5 判・208 頁・定価 2,200 円

978-4-905930-20-4　C3042

物理学の基本概念と発想法を習得することを主眼に執筆された，大学初年級の教科書。数学は必要最小限にとどめ，分かりやすく解説。

［目次］1. 物理学への導入　2. 決定論の物理学　3. 確率論の物理学　4. エネルギーとエントロピー　5. 情報とシステム　6. 物理法則の階層性　7. 新世紀に向けて

形の科学
―発想の原点―

高木隆司 著

A5 判・220 頁・近刊

978-4-905930-23-5　C3042

本書の目的は，形からの発想を助けるための培養土を読者につくってもらう手助けをすることである。興味ある形が現れる現象，形が出来あがる仕組みになど，多くの例を紹介。

［目次］1. 形の科学とは何か　2. 形の基本性質　3. 形が生まれる仕組み　4. 生き物からものづくりを学ぶ　5. あとがきに代えて

身近な現象の科学 音

鈴木智恵子 著

A5 判・112 頁・定価 1,760 円

978-4-905930-21-1　C3042

花火の音や雷鳴から，音の速さは光の速さよりもはるかに遅いことが分かる。では，音を伝える物質によって音の伝わる速さは変わるのだろうか。このような音についての科学を，分かりやすく解説してある。

［目次］1. 音を作って楽しむ　2. 音波ってどんな波　3. 生物の体と音　4. ヒトに聞こえない音

工学の 基礎化学

小笠原貞夫・鳥居泰男 共著

A5 判・240 頁・定価 2,563 円

978-4-905930-60-0　C3043

「読んで理解できる」ようにまとめられた大学初年級の教科書。それぞれの興味や学力に応じて自発的に選択し学べるよう，配慮した。

［目次］1. 地球と元素　2. 原子の構造　3. 化学結合の仕組み　4. 物質の 3 態　5. 物質の特異な性質　6. 炭素の化学　7. ケイ素の化学　8. 水溶液　9. 反応の可能性　10. 反応の速さ

人物化学史事典
―化学をひらいた人々―

村上枝彦 著

A5 判・296 頁・定価 3,850 円

978-4-905930-61-7　C3043

アボガドロやノーベル，M.キュリー，寺田寅彦，利根川進，ポーリングなど，化学の進歩発展に尽くした科学者 379 名を紹介。科学者を五十音順に並べ，原綴りと生年月日，生い立ち，研究業績やエピソードなどを時代背景とともに述べている。巻末の詳しい人名索引，事項索引は，検索などに役立つ。

ちょっとアカデミックな お産の話

村上枝彦 著

A5 判・152 頁・定価 1,650 円

978-4-905930-62-4　C3040

哺乳動物はどんなふうにして胎盤を作り出したのか，それは生命発生以来 5 億年といわれる長い歴史のなかで，いつ頃だったのか。母親と胎児の血管はつながっていないのに，どうやって母親の血液で運ばれた酸素が胎児に伝わるのだろうか？　胎盤が秘めている歴史について考察し，簡略に解説した。

性と病気の 遺伝学

堀 浩 著

A5 判・200 頁・定価 2,420 円

978-4-905930-89-1　C3045

「性はなぜあるのか」，「性はなぜ二つしかないのか」，「性染色体の進化」，「遺伝病の早期発見」など，テーマを示して遺伝学の面白さ・奥深さへと導く。ヒトの遺伝的性異常・同性愛・遺伝と性・遺伝と病気など，生命倫理について考えさせられる内容に満ちている。

学力を高める

総合学習の手引き

品田 穰・海野和男 共著

A5 判・136 頁・定価 2,640 円

978-4-905930-07-5　C3045

学校教育改革の一つとして「総合的な学習の時間」が設定された。その意義・目的・方法と，考える力をつける必要性を述べている。生きものとしてのヒトに戻り，原体験を獲得して，課題を発見し解決し，行動する。そんな力はどうしたら身につくのか。動植物の生態写真を多く使用し，具体例を示している。

動物園と私

浅倉繁春 著

B6 判・204 頁・定価 1,650 円

978-4-905930-01-3　C0045

動物園の役割は，単に動物を見せる場という考え方から，種の保存・教育・研究の場へと大きく変わった。東京都多摩動物公園，上野動物園の園長など，35 年間も動物と関わってきた著者が，パンダの人工授精など多くのエピソードをまじえて紹介。

アシカ語を話せる素質

中村 元 著

B6 判・152 頁・定価 1,335 円

978-4-905930-02-0　C0045

動物たちとのコミュニケーションの方法は？　それは，彼らの言葉が何であるかを知ることです。アシカのショートレーナーから始まった水族館での飼育経験や，海外取材調査中に体験した野生動物との出会いから得た動物たちとの接し方を生き生きと述べた。

プロの写真が自由に楽しめる

ぬり絵スケッチブック

写真　木原 浩
作画　木原いづみ

植物写真家の写真を，画家が下絵に描き起こし彩色した，上級を目ざす大人のぬり絵。自分の使いやすい画材を選び，写真と作画見本を見比べながら下絵に色が塗れます。塗りかたのワンポイントアドバイスが付いています。

〈春〉A4 変型判・56 頁・定価 1,320 円　978-4-905930-97-6　C0071
〈秋〉A4 変型判・56 頁・定価 1,320 円　978-4-905930-96-9　C0071

セツブンソウ（『ぬり絵スケッチブック〈春〉』より）